ANLEITUNG

SUDOKU IST EIN FASZINIERENDES ZAHLENRÄTSEL.

DAS SPIELFELD IST IN 3 X 3 BLÖCKE AUFGETEILT. JEDER DIESER BLÖCKE BESTEHT AUS 9 KÄSTCHEN. INSGESAMT SIND DAS 81 KÄSTCHEN, DIE SICH 9 REIHEN UND 9 SPALTEN ZUORDNEN LASSEN.

JE NACH SCHWIERIGKEITSGRAD SIND BEREITS ZAHLEN VON 1 BIS 9 VORGEGEBEN. JE MEHR ZAHLEN VORGEGEBEN SIND, DESTO EINFACHER DAS RÄTSEL.

ZIEL IST ES, DAS SPIELFELD ZU VERVOLLSTÄNDIGEN. DIE VORGEDRUCKTEN ZAHLEN DÜRFEN DABEI NICHT VERÄNDERT WERDEN.

DIE LEEREN KÄSTCHEN MÜSSEN NACH FOLGENDEN REGELN GEFÜLLT WERDEN:

- IN JEDER ZEILE DÜRFEN DIE ZIFFERN VON 1 BIS 9 NUR EINMAL VORKOMMEN
- IN JEDER SPALTE DÜRFEN DIE ZIFFERN VON 1 BIS 9 NUR EINMAL VORKOMMEN
- IN JEDEM BLOCK DÜRFEN DIE ZIFFERN VON 1 BIS 9 NUR EINMAL VORKOMMEN

DAS RÄTSEL IST GELÖST, WENN ALLE KÄSTCHEN GEFÜLLT SIND.

TIPPS UND TRICKS

2	5	6		4				
	8	1				3		
					1		8	
8						6		
					5			
		4	8				9	
9	3					7		
			2			1	4	3
		5		7				

EINE ZAHL IM 3 X 3 BLOCK FINDEN

EINE EINFACHE METHODE, UM DIE GESUCHTE ZAHL ZU ERHALTEN.

SIE SUCHEN NACH DER 8 IM OBEREN LINKEN BLOCK.

DIE FELDER MIT DEN PFEILEN KOMMEN WEGEN DER 8EN IN DERSELBEN SPALTE BZW. ZEILE NICHT IN FRAGE.

BLEIBT NUR DAS FELD IN DER MITTE ÜBRIG - HIER KOMMT EINE 8 HINEIN.

2	5	6		4				
		1				3		
					1		8	
8						6		
					5			
		4	8				9	
9	3					7		
			2	5		1	4	3
		5		7				

EINE ZAHL IN EINER SPALTE/ZEILE FINDEN

SIE SUCHEN EINE ZAHL IN EINER SPALTE ODER ZEILE.

IN DIESEM BEISPIEL FEHLT DIE 5 IN DER 2. ZEILE VON UNTEN.

IN DEN 3 LINKEN FELDERN DER ZEILE KANN KEINE 5 STEHEN, WEIL IN DEM BLOCK BEREITS EINE 5 VORHANDEN IST.

DAS RECHTE MITTLERE FELD IM UNTEREN MITTLEREN BLOCK WIRD DURCH EINE 5 IN DERSELBEN SPALTE BLOCKIERT.

BLEIBT NUR DAS FELD IN DER MITTE ÜBRIG - HIER KOMMT EINE 5 HINEIN.

2	5	6		4				
		1				3		
					1		8	
8						6		
					5			
		4	8				9	
9	3					7		
			2			1	4	3
		5		7				

EINE ZAHL IM EINZELKÄSTCHEN FINDEN

ZÄHLEN SIE EIN EINZELNES KÄSTCHEN NACH EINER FEHLENDEN ZAHL DURCH.

ZAHLEN, DIE VON DEN PFEILEN BERÜHRT WERDEN, DÜRFEN NICHT IN DAS FELD GESCHRIEBEN WERDEN.

BERÜHRT WERDEN, 1, 2, 3, 4, 5, 6, 7 UND 8. FÜR DAS FELD BLEIBT NUR DIE 9 ÜBRIG.

TIPPS UND TRICKS

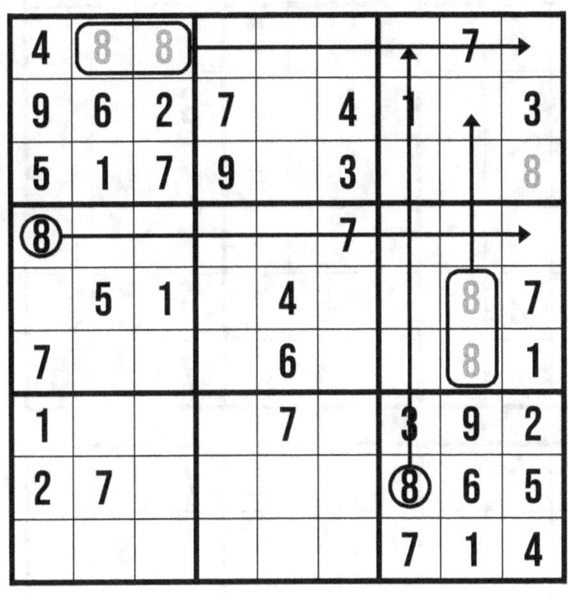

EINE ZAHL IM GESAMTEN RÄTSEL FINDEN

SIE SUCHEN EINE 8. WENN IN EINEM BLOCK NUR NOCH ZWEI ODER DREI KÄSTCHEN FREI SIND UND DIESE NEBENEINANDER ODER ÜBEREINANDER LIEGEN, KANN DAS EINE HILFE SEIN.

OBEN LINKS FEHLEN NOCH ZWEI 8EN NEBENEINANDER UND IM RECHTEN MITTLEREN BLOCK NOCH ZWEI 8EN ÜBEREINANDER. IN DER JEWEILIGEN SPALTE BZW ZEILE KANN ALSO KEINE WEITERE 8 STEHEN.

IM OBEREN RECHTEN BLOCK BLEIBT DADURCH NUR NOCH EIN KÄSTCHEN FÜR DIE 8 ÜBRIG.

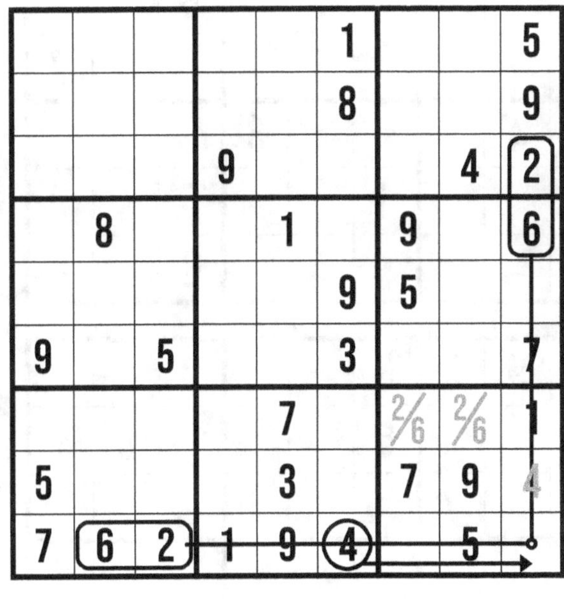

MERKZIFFERN NUTZEN

SIE SUCHEN DIE ZAHLEN 2 UND 6 IM RECHTEN UNTEREN BLOCK. DIE 2 UND 6 DER RECHTEN SPALTE UND DER UNTEREN ZEILE BLOCKIEREN ALLE FELDER DES RECHTEN UNTERN BLOCKS BIS AUF DIE MIT DEN MERKZIFFERN 2/6 MARKIERTEN.

DIE BEIDEN MARKIERTEN FELDER SIND NUN GESPERRT FÜR ANDERE ZAHLEN.

BEI DER SUCHE NACH DER 4 FÄLLT NUN AUF, DASS NUR NOCH DIE POSITION NEBEN DER 9 PASST.

ICH HOFFE DIE TIPPS UND TRICKS HELFEN DABEI, DIE RÄTSEL ZU LÖSEN.

NUN WÜNSCHE ICH VIEL ERFOLG BEIM LÖSEN DER RÄTSEL.

						3		
8	3	6					9	1
		4					5	2
4		5						
				4	2			3
			6			8	7	
9	6	8	5	1				
5			8	3				
					7			

					7		9	3
	6	3	4			2		
				3				1
4	5		8		9			
2						9		
					4		5	
		1						4
	2		7	6			1	
8						7		5

	9			8	5		6	1
				3				
5	6					7		
4	7				3			
							7	
2			4	7		5	3	
			9	5			1	6
	4						2	
9				6				

	2				6	7		
		6		8			3	
			7		1		2	4
4		8					9	
2				5		8		
				1				7
6	4				3			
			1			5		
9				4		3		

				8			5	9
	8					7	6	
3			2					
					4			
8		4				1		
2	1	3			7	6		
			9		6			5
		9	5	4	2			6
		6						

2	9	5	3					
			5				8	
		7			6			
				4				1
7	3	4						5
	5					6		
				9			4	
	1		4	5				
		8					2	3

		8		6	4	5		
	5	9		8		4		
		6		3				
7							2	
	3	1					4	
	8	5						6
			3					8
				9	5			7
				1	2		3	

		7				4		
		3	2		5			7
				6	1		3	
	4			5	7	8		
6			3		2			
		9				2		
				2			8	1
5	2		9					
					3			

6								
9			4	2	5			6
				6	9			5
4	8					1		
				4				
3	2	1		7		6		
		8				7	6	
	3				2			
			8				5	9

						7		4
4	1		2				6	
6		3					5	
		5		8	1		2	
			9		4		7	
						8		9
7	8							
	3	4	8	9				
				1	5			

	1				7			
	8			3				
			4			8	2	
	2			6		5		
		3		1	5	7		2
9					2			3
2						4		
			7		3		9	
5								6

								4
	1					2	6	
9	3			7				
5		2					9	
					4			
		9	1	2				
		6	5			1		2
	7		2		8	9		
			3			8		

7							2	
4					8	7	5	
3		5		1			9	
				4			3	5
	4		9	5				
						6		
5	1				3			
		6						
			4		2			8

		8	1	5		4		
	7						1	
6	1							3
2								4
				2	4	9		6
		6			8			
	4		7					
	2	3			9			
7				8		3	5	

5				6	4			8
4				8			5	9
				3				6
		4					3	1
	6						8	5
		2				7		
	7			9	5			
	8		3					
		3		1	2			

6	9				7			4
5				2	4		9	
	8	3		7		5	6	
				4		9		
	5				3			
	6		7	3		1		2
	1					6		
7				5				

					2		4	
	9					6		
			9	8	1	2		
	2	9			6			
	5							9
			7			1		3
		1	2	3	5			
4			8					
		2						7

				7		8		3
				1	8	2		
		8			3			7
		3				9		
	4			3			5	
8			9					1
		7		2				
	6				9		2	
1			6			5		

7	3				9			
				4				2
			6					5
4				8	2			
		3				8		
	7					1		
	2		3					9
	5	1	2	7			3	
		6		5		2		

7	6			8				
	5	9						8
					3	2		
							4	
6			3	1	2		7	
1			4		8			
		5				9	6	
		6	9			5	2	4
			6					

3						2		
			5		9		8	
	8		6	7				
		9			6	5	4	2
					5	9		6
		6						
								4
8		4		1				
2	1	3		6				7

9		1				8		
8				2				9
		5				1		4
3	8			1				
	7			4	6			
4					3	5		
			7				8	
				6	5	2		7
			4				9	

				9		3		7
		5			6			
		2	4					
	8						3	
	1					7		
			8	2				4
	2		5				6	
		9			3	2		
3			7		2	5	1	

		5	1			9		
				4	5	3	1	
9					7			2
	9	4				7		
	8		7					4
			6				3	
	5		2					6
2	4				8			
				1				3

1			3					
3	9				7			
		2		4		3	6	
5		7						8
4						1		
	1		6	7			2	
	5				4			
		9						2
				8	9		5	4

1		5				8	6	9
3		8						5
	7							
						5		4
4	2				3			
		6	7	8				
			5		2	4		
				3				
			9		1	6	3	8

	1	3				7		
				9	2		6	
		9			5			
	6				9			
4							2	
	2					9	1	8
			4			8		
		7		2				
				1		2	5	3

				3				
8		1			2			
			9			2	5	
		7	2	5				3
	4							7
3				1	6			
	8			7	5	4		
			3	2			6	
	2							9

	9	3				7		
		1		2	6			
			4					
								4
2	5				9			
9						2	1	
		7		9			2	8
6			2	1			5	
				8			3	

7						4	9	
2			5			1		8
	8	9						
				8	7			
			4	3			8	9
						5		1
6				1	4		2	
	7	4						
5			3		6			

	3	8	5		6	7		
			9			4		
		5					3	
5					9	2	4	
6		9		4			7	
		6	1	2		3		7
7						5		
		1	6					

	1					4	8	
	6		7			3	2	1
			4					
						6		
		6	2	5	4	9		
		5	6	9				
				2			3	
5		9			8			
6	7							8

	1		7					
				9		8		4
	5				8			2
1					5			
		3					4	6
	4				3			9
7		1	4	2				
	8			3		6		
		6			7		2	

				1				8
	8		7				3	
					6	4		
					2	5		
	7	3						1
2		8		5			9	
				6				9
8	3				9			
1		7	2			3		

	9		1		6	5	8	
	6	5		7				
							3	
		2		5	3		7	4
	7	4				3		
					7			
			6		1		5	9
		9					6	
	4				2			

				7		3		8
8					3	7		
				1	8			2
		1	6					5
	6				9		2	
7				2				
		8	9			1		
3								9
	4			3			5	

				9		2		
5	7				4	8		
	2	3	6					
6	1							3
	5	2		3			7	
				7		4		
2							1	8
	3							
		9	5		2			

	3				6			
	8		5		9		4	
	6	4			8		5	
3						8		
	9	5				7		
	1	2						3
			8		5	6		
				7				2
			3		1			4

	8		9		5			
				7	6		8	
2						3		
		7		6		2	1	3
		4						
				1		8		4
9		6	5					
5	4	2	6					9
								6

	5	6						
	9			5	6			
		7				1		6
			6		9	4		3
3						8		2
		8						1
	8				4			
2				9	5			
				6	2		4	7

		3		1				
		6			2		5	
			8			2	4	
	3				6			
		4			7		8	
7							9	4
9					1			5
3	1		5	4				
		2	7			9		

				9	8	3		4
						8	7	
			5	1				
7			4		9			
	8	9						
2			1	8				5
	7	4						
6					2	1	4	
5							6	3

5	4	2		9		6		
9		6				5		
				6				
			8	4				1
		4						
		7	2	3	1			6
2			3					
	8					9	5	
					8		6	7

			6					
4	2						8	
	3			5	1			
		4				3	5	
9		5			4			
								6
				7		2		
		1	5	3		9		
	8			4		5		7

	2	4				6	9	
		8	6					
					2	4		
7				4				
	8				7		3	5
		9	3	2				
				1	6	3		
1	5		8				4	
				7				1

4		9					7	
1	8				5		2	
						8		9
			6		3		5	
		2	4	1			6	
						7		4
	9	8		3	4			
			7	8				
5	1							

			2		4	3		
5	4							
				6			8	7
							3	
4						2		5
6	8	3				1		9
			7					
8	9	6		5	1			
	5			8	3			

	9		4					
			2		3			8
	5	4				1		
		5	8					
6								7
		3				9	2	5
				6		5		
	4				1			
					5	3	7	4

2					6	9		
		5		1				6
			7				2	
	3	8					7	
	7		8			3		
		2				8	1	
5					4		3	
	1			8				9
		9	3					

				7		6		4
			3	8				1
	5		4			3		
	1	4			5			
		9	8					2
	8		9		1			
8							7	
9							4	
	2	7				5		6

	8			1				
				3	4		6	9
		3		2	8			
			4	7		6		2
		2				9		5
8								4
5	6							
9						5		6
	7			6	1			

				5		9		6
		6						
		9		6		5	4	2
	8	4			1			
								4
1	2	3			6			7
	3					2		
8			6		7			
			5	9			8	

		9		2				
	6						3	2
4				8		5		7
			1		8	2		
2	5						9	
								3
					3	6		1
		3	7				2	5
		7		4				

		6				8		5
	4					3		1
	2						7	
		7	9	5				
		8			3			
	3		1	2				
4			8			5		9
5			6	4				8
			3					6

				5			3	
6	5		3	8				7
	9							4
	6			1				
	1	2		6		7		3
					7			5
9					5		4	2
		4		9	6		7	

2	9	5	3					
		7		6				
			5			8		
					9	4		
		8				2	3	
	1		4		5			
	5							6
7	3	4					5	
					4		1	

8					4	1		5
	7		1					
	1	6		3				
		7	5		3			8
3	2						9	
	4					7		
				6	9		4	2
		2		4				
6							8	

	9		2		8		5	
		1		7	3			
5						2		
	3			8				7
4						6		
		8					1	
			8	3		9		
3			1		7			2
		9					6	

6								
					5		6	9
9					6	4	2	5
3	2	1	6				7	
4	8		1					
							4	
		8	7	6				
				5	9	8		
	3							2

	4	9				7		
							8	9
8	1		5			2		
1	5							
				7	8			
9		8	4		3			
			3	6		5		
		2		4	1	6		
							7	4

5	1				4			8
				3		6	1	
			1				7	
	7						4	
		9					2	3
8			5		3	7		
				4		2		
2		4		6	9			
		8						6

							7	
	7	4		3				
		2	7		4	5	3	
			3					
	6	5				7		
	9		8	5			6	1
			5		9		1	6
	4						2	
		9	6					

			3		2		8	
4		5						1
		9			4			
	6						7	
5					8			
3						2	5	9
			5			7	4	3
				6				5
		4	1					

7	6							8
			2			3		
	5	9		8				
							6	
		5	9		6			
		6	5	4	2		9	
6					7	2	3	1
1						8	4	
					4			

8			4				5	7
			7				2	
		1	3	5			9	
	9	5			4			
		4				5	3	
								6
				6				
2	4					8		
3			5		1			

			6	3		5		
							7	4
2			4		1	6		
			7		8			
	1	5						
8	9			4	3			
	8	1		5		2		
							8	9
9		4				7		

		8						3
		9	7				8	2
	2	1		6				5
	4							
6		2	1					
			3		9	7		
				9		2		1
							4	
9				2	5			

		2			6		5	
3			5		1		7	2
	9		2					3
		8			3			
		1	7					
				4		2	8	
			3	7		9		
	5							6
	2						4	

	4	5	1					
					8	3	2	
		9					4	
	5						8	
	3		9	2	5			
6					7			
			3	7	4	5		
		4				1		
			5					6

	6				9	2	4	5
					6			
	5					6		9
			3					2
	9	5					8	
7		6		8				
1			8		4			
6			2	1	3	7		
						4		

				3				
7							6	5
	6	1		8	5		9	
					3		7	4
	7							
5	3		4	7				2
				6				9
	2						4	
	1	6	9	5				

					7			
	7	4	5		3	2		
3						4		7
			7			5		6
	3							
5	8			1	6			9
					2			4
	6					9		
	5	9		6	1			

			4			2		
					6	5		
	7	3		9				
		2			3	9		
1		5	7		2		3	
6			5					2
3								8
	4		8	2				
		7						1

			2		4			8
		3					1	
		6			5	2		
	3					6		
		4			8	7		
7				4	9			
		2	9					7
9				5		1		
3	1						4	5

			2					4
			5				6	
3	7					9		
		6		2				5
2			9				3	
5		1			3		2	7
7				1				
		3		8				
	4					2		8

8		2				4		
			8					3
			1				7	
4					2			
		9				7	3	
	6				5			
5			2					6
	3				9		2	
7	2			3			5	1

			8	9				
					7	4	9	
		5			2	1		8
	6	3			5			
			7	4				
1	4				6		2	
						5		1
3		4					8	9
8	7							

9		8	4		3			
				7	8			
1	5							
							9	8
	4	9				7		
8	1		5			2		
			3	6		5		
							4	7
		2		4	1	6		

6						5	8	
		4				1	3	
		2						7
	4				8	9	5	
					3	6		
	5		4		6	8		
8				3				
7			5		9			
		3	2		1			

	3	6			2		4	
			9	3		7		
				1				3
2					9			
4		5				9	8	
			5			4		
	1			4				
8				5	7			
		2	1				7	6

					7	9		5
					8		3	
				3		1		2
		7		2				
5	8				6			
1	3			4				
8			5			6		4
9	5		4			8		
6						3		

1		9	3	6	8			
	3							
2		5		4				
						7		
			6	8	9		5	1
					5		8	3
3						2		4
				5	4			
	8	7					6	

		7		3	9			
				1		2	6	
								4
5			6			1		2
3						8		
2	8			7		9		
	4							
1		2	9					
			2		5		9	

			4	3		8	9	
				8	7			
							1	5
	2		5				8	1
	7					9		4
8		9						
7		4						
	6			1	4	2		
	5		3		6			

					8			7
					9			4
			7	2		6	5	
		4		5			3	
7						4	6	
8		3				1		
	1	9		8				
		8	9			2		
	5		4	1				

8					5			
					3	9	5	2
				6			7	
2		3					8	
4			9					
			5		4	1		
		5				3	4	7
	6					5		
		1	4					

				7				2
3	2	5						1
	8						4	
8	9	1	2					
			6			9		
		2			4			
	7		1	3				
		6				2		9
				9		5		

2				6			5	
		9			2	3		
	3			1	5	2	7	
		5				6		
			7		3			9
		2					4	
8				3				
			4				8	2
1					7			

		4		1				
7		5			8			
	1		2				7	6
		1						3
	9	3				7		
2			6	3			4	
	5					4		
9					2			
			5		4	9	8	

			7					6
			5	2	9		3	
		8					5	
	5		4	7	3			
	1					4		
6					5			
	3	2	8					
					1	5	4	
		4				9		

		9					4	
				8			2	3
	4	5	1					
	3		9	5	2			
6				7				
	5						8	
			5			6		
		4						1
			3	4	7			5

				4	8		9	
	1							7
	5			2		8		
6			2			7		
1		7					2	4
	8				6		3	
		1				5		
	4			9		3		
3			4	6				

6				9				
		2			3	1	7	
	9					8		3
5			9			2	8	
	2				5			
				1			3	7
	6				4			
1				8				
		7	3					8

		8			5			
					3	2	5	9
				6			7	
3		2					8	
			5		4			1
		4	9					
1			4					
	6							5
5						7	4	3

				2			7	
				4		1		3
			6			5		8
2	1			3				
		3	8					
5	9		7					
	8				4	9		5
	3					6		
4	6				5	8		

					6	9		
		2	4					
8	9	1			2			
3	2	5					1	
				7			2	
	8							4
				9		5		
		6				2	9	
	7			3	1			

7		4					2	6
					8		4	
			2				5	9
6	1			7				
				6	5			
					9		6	5
1				8				
3	4					6	9	
2	8		3					

	4							
	7		2	1	3			6
			8		4			1
8						5	9	
		2	3					
				8		6		7
	6	9					5	
4	2	5			9		6	
					6			

			6			1		
7		3	1	2		6		
		5					7	
	4	2			9		5	
	7			4		9	6	
		7	5		6	8		3
	3					5		
		4	9					

			6	5		2	7	
					7			8
					4			9
	8	3	1					
	7		4	6				
		4		3		5		
		8	2				9	
1		9				8		
5						1	4	

3						1		
	4			6	3		2	
		7				3		9
	8	9	4	5				
			2				9	
		4						5
					1	4		
6	7			2				1
			8			5	7	

		4				1		3
	6					5		8
		2					7	
		3	2		1			
	7		5		9			
	8			3				
					3	6		
5			4		6	8		
4					8	9		5

		9		6		2	4	5
		6						
				5		6		9
2	1	3	6			7		
8		4	1					
						4		
3								2
	8		7		6			
				9	5		8	

2	5							9
			4					
9				1	2			
		1				2		6
	9	3			7			
							4	
		7	8	2		9		
6				5		1	2	
				3		8		

2							9	
			2	3		6		
8			7		5			4
				9		5		2
			3					
	1	8			2			
4							7	
		3	1		6			
	7		5	2			3	

	6				2	5		
			8			4	2	
	3			1				
3					6			
		7				9		4
	4				7	8		
1		3	5	4				
	2		7				9	
		9			1			5

1						4	8	
6				7		3	2	1
				4				
			2				3	
7		6						8
	9	5			8			
						6		
	6		5	2	4	9		
	5		9	6				

	5							7
	3	7	1		2	6		
			6			1		
	7		5	6		8	3	
	4		9					
3						5		
7					4	9		6
4	2			9				5

		2						4
		5					6	
				3	7	9		
	1			7				
	8		3					
					4	2		8
3			1	5			2	7
		9		2			3	
	2		6					5

8	1					2		
3			8				7	
	7					8	3	
			3			9		
		9			8		1	
	3			4				5
		6			1	5		
	2		7					
9				6				2

					4			2
	2	4	9		6			
		8					6	
					3	1		6
1	5		4				8	
				1		7		
7						4		
		9				2	3	
	8		3	5				7

	4	6			8		5	
		8	5		9		4	
		3			6			
	2	1						3
	5	9				7		
3						8		
				7				2
			8		5	6		
			3		1			4

3								
	9	1	8	6	3			
	5	2		4				
			9	8	6		1	5
			5				3	8
						7		
8	7							6
			4	5				
		3				2	4	

2	4					9		6
			2					4
	8				6			
5		1			8	4		
				7			1	
			6	1				3
	9			2	3			
		7		4				
8			7			3	5	

			9		5	1	6	
	4					2		
9					6			
	9			5	8	6	1	
5	6							7
					3			
2			4		7	3		5
4	7			3				
						7		

					3			2
	6	7	8					
9	5					8		
		1		4	8			
							4	
		6	1	3	2		7	
5							6	9
				6				
6				9		4	2	5

		7			5			
	1						6	
	6			7	3	2	1	
	9	6	7			4		
		5	4		2			9
					4		9	
	5		3					
3	8				7		5	6

		2			6			5
	3			5	1		2	7
9				2			3	
		1		7				
		8			3			
			4			2		8
5							6	
2								4
			7	3		9		

	1		7					
	8				3			
				4			2	8
			3	7			9	
5						6		
2								4
		3	5		1	2		7
	2				6			5
9			2			3		

				6				3
4				9	5			8
5				8			4	6
		8				3		
	3						2	1
		7					5	9
		6		5	8			
	2		7					
	4			1	3			

1	2			6		5		
8						3		
9			7			2		8
2		6	1					
			3		9		7	
	4							
				9		1	2	
		9		2	5			
								4

			5	2	9		3	
			7			6		
8							5	
					1		4	5
4								9
2	3		8					
	1							4
	5		4	7	3			
		6			5			

	8				3		7	
			7			8	3	
			1		8	2		
4			3					5
		8		9			1	
	3					9		
	7		2					
6					9			2
		1		6		5		

					4	6		
		8		3			7	
			8					1
2	8			9				5
					5	2		
	3	7	1					
			9					6
1	7				3		2	
8		3				9		

9	5				7			
		3			8			
1	2		3					
6	4			5			8	
3							6	
8				4		5	9	
			4			3	1	
			2					7
					6	8	5	

6			2		9			
			5			9		
	7					3	1	
2								4
			9				6	
1	9	8					2	
	8			4				
5	2	3			1			
					2	7		

				5		4		
	2				9			
	4	5				9		8
	8		5		7			
		2		1			6	7
1			4					
3		6			2			4
			1				3	
			3	9		7		

		8			6			3
1	7					4		2
6				2			7	
		4	9				3	
	1						5	
3			6	4				
			4		8			9
		1				7		
		5	2				8	

		7						
	5	3	4	7		2		
					3	4	7	
				3				
1		6		8	5		9	
	7					5	6	
6		1	9	5				
				6		9		
		2					4	

			8				9	5
8						7		6
		3		2				
					4			
1	3	2			7	6		
	4	8				1		
	9		4	5	2		6	
				9	6		5	
	6							

		7	5	6		3	8	
		4	9					
3							5	
			6				1	
		5						7
	7	3	1		2		6	
4		2		9				5
7					4		9	6

	5	2						9
			1		8		2	
						3		
	6					2		3
		4		8		7	5	
9				2				
3			7			5		2
7				4				
					3	1	6	

1				8				
3		4				6		9
2		8	3					
					9		5	6
				6	5			
6		1		7				
7	4						6	2
			2				9	5
					8			4

				8		3		
				7			5	9
					3		2	1
	7				2			
5		8		6				
1		3			4			
9		5	4					8
8			5				4	6
6								3

	2	8				4		
				8				3
				1			7	
2		7			3		5	1
		5		2				6
3			9				2	
6			5					
		4	2					
	9					7	3	

8	1							2
				5	2		9	
						3		
				6		2	3	
		8			4	7		5
		2	9					
		4	7					
3						1		6
	7		3			5	2	

					6	7		
			3			5	9	2
8			5					
4				9				
			4	5			1	
2		3				8		
		5				4	3	7
	6						5	
		1		4				

	8		9			1		
3							9	
		4			3			5
				8	1		2	
					7	3	8	
8				3		7		
		6		9				2
	1		6				5	
7					2			

2						4		
			6					9
1	6		5	9				
7								
					3	7		4
3		5	7	4				2
		7				6		5
6	1		8		5	9		
			3					

8				6				
					2		4	
4		2				9	6	
9			2	3				
		8			7	3		5
	7		4					
			1		6		3	
			7					1
	1	5		8		4		

5	2	3			1			
	8			4				
					2	7		
6			2		9			
	7					3		1
			5			9		
1	9	8						2
			9					6
2							4	

7				4				
3					7		2	5
			3			6		1
9				2				
	4			8		5		7
		6					3	2
			8		1	2		
								3
	2	5					9	

	5	2						9
						3		
			8	1			2	
7					4			
3				7		5		2
			3			1	6	
		4			8	7	5	
9					2			
	6					2		3

			6					3
		8	7			4		
	4	9					7	
	5		1				9	
				5	4		3	1
9				7		2		
2		4		8				
		5	2			6		
					1	3		

	9					4		
	5	6	3	8		7		
				5				3
		9			5	2		4
4				9	6			7
2	1			6		3	7	
					7	5		
	6			1				

	3	9		7				
	1						6	2
						4		
					4			
2		5					9	
9			1	2				
	7		2		8			9
			3					8
6			5			2		1

	8	3				1		
	7					4	6	
		4		5			3	
		8			9	2		
5				1	4			
1		9		8				
			8					7
				2	7	6	5	
			9					4

				2		1	8	9
	9			6				
			4			2		
		4						8
2					7			
1						5	3	2
9	2					6		
	5				9			
				1	3			7

				6			8	5
					4		3	1
					2	7		
2	1				3			
		3		8				
5	9			7				
4	6		5					8
	3							6
	8		4				5	9

6				4				
	1		8					
		7			3		8	
	5				9	2		8
2				5				
			1				7	3
9						8	3	
	6		9					
		2		3		1		7

	8				5	2		
9						4		8
		7			1			
	5		1					
	3				4	9		
				3		6	4	
2		4	7	1				
3					8			6
	7			6			2	

7								4
		8	5		3	7		
	9						3	2
				3		6		1
			1					7
1		5			4		8	
	8						6	
				4		2		
	4	2		6	9			

	4				7			
3	2			9				
		7	8			5	3	
		2						4
			2	4			9	6
6				8				
	1	6						3
8			5		1		4	
	7					1		

					4		1	
3	7	4					5	
5						6		
					9			4
1				4	5			
		8					3	2
				5				8
		7	6					
9	2	5		3				

3								
			5		6		7	
8		5			9	6		1
6			9					
					4	2		
5	9					1		6
						7		
7	4		2			3	5	
		3	4		7			

					8		7	
					9		4	
			2	7		5		6
3		8						1
		7				6		4
4			5			3		
8				9				2
9	1		8					
	5		1	4				

	8			7				
	9			4				
2		7	5		6			
					1	8		3
5			3					4
			6		4	7		
8							1	9
		9			2			8
1		4					5	

	1	4			5			
	8			9	1			
		9		8			2	
9						4		
	2	7					6	5
8						7		
	5			4				3
			7				4	6
			8	3			1	

				4				1
7	6				1		2	
			7	5		8		
8		9				4	5	
		4			5			
			9			2		
	3			1				
		7		3	9			
4			2				6	3

			2			7		
3	5	2	1					
		8		4				
8	1	9					2	
					9		6	
	2							4
	6		9		2			
		7				3	1	
					5	9		

		5		6				2
2		7		1	5		3	
3					2	9		
					7			1
	2	8	4					
				3				8
6						5		
	9		7		3			
		4				2		

5		8	1	6			9	
					7		6	5
		3						
				2			4	
		6						9
	9	5	6	1				
3							7	4
	4	7		3	5			2
				7				

	6	2	1					
4								
			3		9			7
						4		
				9			1	2
	9			2	5			
		9	7			8	2	
		8					3	
2		1		6			5	

				7			1	
			3				8	
2		8			4			
9				3	7			
		4				2		
	6					5		
	3			2		9		
	2	7	1	5				3
		5	6				2	

	3						1	5
	2	4		8				
						6		
4			3	5				
					6			
5		9					4	
1			9			5		3
	8		5		7			4
			2					7

			9	2	5			3
					7		6	
	8							5
	2	3			8			
	4					9		
			1			5		4
		1				4		
		5	3	7	4			
6			5					

		8		1				
	4		6					
3					7		8	
			9			8	3	
	3				2	1		7
		9		6				
	5		2					
9				5		2		8
		1					7	3

	4							
				8	4			1
	7		1	2	3			6
			8				6	7
		2		3				
8						9	5	
					6			
	6	9				5		
4	2	5			9	6		

					9			6
2				4				
1		6				9		5
	7			6	5			
6		1		9			5	8
								3
3	5				2	4		7
				7	4		3	
7								

		4		2				
9		6					4	2
			6				8	
4			8			1		5
	1				7			
		3		6	1			
			3		2		9	
					4	7		
3	5			7				8

				6				
4			3		5			
5		9					4	
	2	4			8			
	3					5	1	
								6
	8		5	7		4		
			2			7		
1			9			3		5

	7	6	1				2	
				5	7			8
				4		1		
9	8						5	4
4			5					
					9			2
		3		1				
7			9	3				
	4				2	3	6	

			2	8				3
			1			8		
9		6	3	4				
6	5						9	
						6	5	
			6	1		7		
4							8	
2	6		7		4			
5	9							2

	2			6				7
6			8				3	
				1	7	4	2	
		2	5					8
8		4					9	
			1			7		
					1			5
	4	6		3				
		9	4					3

8					4			
		2	9		5			
			6		2		4	7
5	6							
	7					1		6
9			5		6			
		3				8		2
	8							1
				6	9	4		3

5						6		
3	4	7						5
					4			1
1				4	5			
	8						2	3
					9		4	
	7		6					
				5			8	
9	5	2		3				

		7					9	5
	3						1	2
		8				3		
	4			1	3			
	2		7					
		6		5	8			
				6			3	
5				8			6	4
4				9	5		8	

	9				8			1
		3	4				5	
				3		9		
	6				1	5		
		2		7				
9			6				2	
		7				8		3
3				8				7
8		1				2		

	6	4	3					
	9			4				3
					1			5
6				8			3	
		2	6					7
			1		7	4	2	
				1		7		
8	4						9	
	2			5				8

2	8							4
			8			3		
			1				7	
	5		2			6		
		3			9		2	
	7	2		3		1	5	
9							3	7
	4				2			
		6			5			

		3	4			5		
	4	6		7				
	1		3	8				
					5	1	4	
			9		1	8		
	2		8				9	
	6	5				2	7	
4								9
7								8

3		5					4	
	6							
					4		5	9
9			3	5			1	
2			7					
5	7		4			8		
				6				
		8				2		4
			5		1	3		

2					6			9
	5		1				6	
				7		2		
5					4	3		
	9			3				
		1	8				9	
		7		8				3
	8	3				7		
	2					1		8

	3							
5	8		9			1		6
			6	5			7	
			4					2
	5	9				6		1
	6			9				
	7	4		2			5	3
3			7	4				
								7

						3		
	6	1	9			8		5
7			6		5			
	7							
			7		4			3
5	3				2	7	4	
	1	6				5	9	
					9	6		
	2		4					

				3		8		
8		2			4			
			7			1		
4							2	
	6						5	
		9	3		7			
7	2		5	1				3
	3		2				9	
5				6		2		

			9		1	3	8	6
				3				
			5		2			4
1	5					6	9	8
		7						
3	8						5	
							4	5
	6		7	8				
4		2			3			

5		3			9	1		
		4	7		5		8	
		7			2			
	4					5		9
			6					
				5	3	4		
				8			2	4
6								
	1	5					3	

6					1			5
	9		6				2	
		2		7				
		7				3		8
	3			8		7		
	8	1						2
		3	4				5	
9					8	1		
				3				9

6			2		1	7	3	
	7						5	
1					6			
	5			9			2	4
9	6		4					7
					9		4	
8		3		6	5		7	
5								3

4		5				8	9	
					5		4	
2			9					
	1			4				
		2			1	7		6
8			7	5				
				1				3
				3	9		7	
	3	6	2			4		

					9		8	3
		9	6					
3				2		7	1	
	9		5			8	2	
		1				3		7
5					2			
	3			7				8
		8	1					
4					6			

				2			5	9
			8				4	
4	7						2	6
	1				8			
	3	4				6	9	
	2	8		3				
			5		6			
	6	1			7			
			9				6	5

	8						4	2
			1		5			3
				6				
3	5					4		
		6						
			4			5	9	
2					7			
5		7			4			8
9				5	3	1		

		2	6				9	
	5				1	6		
				7				2
	9			3				
		5	4					3
1					8	9		
7				8			3	
	2						8	1
3	8							7

			2			4		
			1	8	9			2
9								6
	2						7	
	1		5	3	2			
		4			8			
					7		3	1
2	9		6					
5							9	

				6				
5	4	2		9			6	
9		6					5	
		4						
				4	8	1		
		7	1	3	2	6		
	8						9	5
			8			7		6
2					3			

		6						
1	5		3					
			2	4				8
					4		3	5
						6		
4				9	5			
	7						2	
	3	5			1		9	
	4		8			7	5	

	6		4	1				2
	5		6		3			
7		4						
				3	4	9		8
			7	8				
						1	5	
	2				5	8	1	
8		9						
	7						4	9

			1		8		2	
8					3	7		
			7			3	8	
	4		3					5
		8		9		1		
3							9	
	6				9			2
		1		6			5	
7			2					

	4							9
6		5				7	2	
	7							8
				5		4	1	
				1	9		8	
2					8	9		
1			8		3			
4		6	7					
		3			4		5	

		1				5		4
8				3	2			
					4	9		
5	2	9						3
7							6	
					8			5
		5	6					
				1		4		
4	7	3		5				

		4			8	1	5	
	3		1	6				
1			7					
					6			8
	6	9					2	4
	4			2				
5		3		7			8	
			2		3			9
			4			7		

					8	4		2
		6		2		5		
		3	1					
		2			7			9
9				1			5	
3	1		4		5			
		4		7		8		
	3			6				
7						9	4	

	3			2	7		5	1
2					5			6
		9		3			2	
1							7	
			2		8	4		
8								3
			9			7	3	
		2			4			
		5		6				

		3	8					
7			1					
	4						8	2
					2		4	
					5	6		
3	7							9
2					9	3		
		6	2				5	
5		1		3		2	7	

	2		1		8			
3	8		7					
7					3	8		
		5	3				4	
	9					3		
1				9				8
	5			6				1
			2			7		
		2			9		6	

		7	3				8	
	8	3		7				
	2		8	1				
	5				6	1		
2			9					6
				2			7	
5				3				4
		1			9	8		
	9						3	

					7			
9	8	6	1	5				
5			3	8				
								3
	4					5	2	
8	6	3				9	1	
				6		7		8
			4		2		3	
4	5							

		7			1			
	3				8			
4							2	8
		2		9		3		
	6				2			5
	1	5	3			2		7
7		3					9	
				2				4
				5		6		

	2	4		6	9			
		8				6		
				4			2	
1	5				4	8		
			1					7
				3			6	1
7								4
		9				3		2
	8		5		3		7	

	4	2					1	7
		3			6	8		
7				2			6	
			6	4			3	
3			9			4		
5								1
		9	4		8			
	7					1		
8			2			5		

					2		1	8
	8			7				3
				3	8		7	
		4	5				3	
	3				9			
8				1		9		
1					5	6		
	7						2	
		6	2					9

3	9							7
					4			
1			6	2				
7				9		8	2	
		6		1	2		5	
				8			3	
		9					1	2
						4		
	5	2	9					

	8					6	7	
		3			2			
			8			5		9
				4				
4		8					1	
3	1	2		7			6	
9			4	2	5			6
6								
				6	9			5

			3	8		5		
			1	5		9	8	6
					7			
3			4		2			
	7	8		6				
						4	5	
1	9					8	6	3
2	5						4	
		3						

								3
			2		5		9	
	8	1				2		
8			4			5		7
2				9				
					6		3	2
4				7				
	3					6		1
		7		3			2	5

		9			6			
					2	9	1	8
				4			2	
9		2					6	
			3		1	7		
		5	9					
1						2	5	3
2			7					
	4					8		

				8	1		2	
								3
	2	5				9		
				3			6	1
3					7	2		5
7			4					
9			2					
		6				3		2
	4		8				5	7

	9					5		
1	3				7			
				6		2		9
2			8	1	9			
		4		2				
6						9		
			3	5	2			1
					8		4	
	7							2

			7	4				
	2				6	1	4	
					5		6	3
			8	9				
1		8			2			5
4	9				7			
						8	7	
	8	9				3		4
5		1						

	1			3	5			9
		8		4		7		5
				7				2
						6		
	4						5	3
9	5		4					
		3	1	5				
4		2					8	
					6			

8			4					
					2		7	
2	5	3			1			
9	1	8				2		
	2							4
				9		6		
7						1	3	
	6			2	9			
				5			9	

	6				3		8	
				4	2	7		1
		2	7					6
2			8				5	
4	8				9			
				7			1	
9			3				4	
			5			1		
6		4						3

3					8			7
		8					1	
	4					6		
	3		7	1				2
		9					6	
				8	3	9		
	5					2		
9			8	2			5	
		1	3		7			

6		4	5				8	
8			4			5	9	
3							6	
9		5		7				
	3			8				
1		2			3			
					4	3	1	
					2			7
				6		8	5	

					3	9	5	2
			6				7	
		8			5			
				5	4	1		
3		2					8	
		4		9				
1				4				
5						3	4	7
	6					5		

		1					7	
		5			2			8
			8		4	9		
3				4	6			
		4			9			3
	1							5
1	7					2	4	
		8	6			3		
6				2				7

							6	5
			6		5			9
1	6						7	
			4					8
			5		9	2		
	7	4	2		6			
8	2					3		
	1						8	
4	3		9	6				

		6		9	2			
					5	9		
7						3	1	
8			4					
				2		7		
2	3	5		1				
9	8	1					2	
					9		6	
		2						4

	3	8						9
7		1		3			2	
			9			6		
8		2			9	5		
3	7		1					
				5				2
	8				3		7	
			8			1		
				4				6

		3		7		8		
	1	8			2			
	7			3	8			
		9	2				6	
	2					7		
6					5			1
	3		5				4	
					9	3		
9				1				8

		9	8				1	
					3	9		
3				4				5
1	8					2		
7						8	3	
	3				8		7	
2					7			
	9			6				2
		6	1			5		

9		6		4	2			
		4						2
				8		6		
	1						7	
4			1		5	8		
		3					1	6
			7				4	
				9		3	2	
3	5				8			7

		1	3	5	2			
		2						7
	4				8			
			8	1	9	2		
9						6		
				2			4	
5								9
2		9		6				
					7	1		3

7	4	3					5	
				4			1	
		5						6
				9		4		
		1		5	4			
	8					2	3	
					5	8		
2	5	9			3			
	7		6					

8				2		5		
	7					1		
		9	8	4				
		3	6			8		
7					2			6
	4	2					7	1
5							1	
				6	4			3
3				9		4		

	1					4		5
			4					9
8			2	3				
4	3	7		5				
				1				4
	5				6			
			8			5		
7							6	
5	9	2				3		

	2						7	
		6				8		5
	4					3		1
4				8		5		9
				3				6
5			4	6				8
		7	5	9				
		8			3			
	3		2	1				

1			7					
8					3			
				4		2	8	
		5						6
		2					4	
			3	7		9		
		9	2					3
	3		5		1		7	2
2					6		5	

1							7	
				2	8			4
8						3		
		2			4			
		5	6					
				9			3	7
	3		2		7	1	5	
2					5	6		
		9	3				2	

	3			2		9		
7	2		1	5				3
5			6				2	
			3				8	
8		2			4			
				7			1	
		9		3	7			
	6					5		
4						2		

			2		5			9
4								
	1	2	9					
	3						8	
	5		6			2	1	
8	2			7			9	
				1			2	6
						4		
		7		3	9			

	2					7		
	5	7			8	4		
	9		1			3		5
								6
8				4	2			
					3	5	1	
5	3		4					
			5	9			4	
		6						

		2	3	5		4	7	
7		4						3
			7					
9			6		1		8	5
6		5		7				
							3	
		9					6	
			1		6	9	5	
4			2					

	6	7		8				
9	5						8	
			3					2
5						6		9
6					9	2	4	5
					6			
						4		
		6	2	1	3	7		
		1	8		4			

2		6	4	7				
5		9				2		
4								8
							6	5
				6	1		7	
6		5						9
9	6			3	4			
				1			8	
				2	8	3		

	8					3		
	1							7
			2	8			4	
			9				7	3
5					6			
2				4				
		3		7	2	1		5
	2			5		6		
9					3			2

1				9		5		
		7			2			9
	4	5	1	3				
2					6		5	
		8					4	2
	1				3			
6			3					
7					4		8	
				7		4	9	

		4						
2	6				1			
			9		3			7
1		2		6			5	
9					7	8	2	
8							3	
				9			1	2
						4		
	9		5	2				

2	7		3				5	1
3				9			2	
	5				2			6
					1		7	
	8	2				4		
					8			3
		9				7	3	
6				5				
	4			2				

	1					3	5	2
	2			7				
		4						8
					2	8	1	9
9					6			
			4				2	
2	9						6	
5				9				
				3	1			7

		1				7		
	3					1	6	
4			1	5				8
					8			6
9	6			2	4			
	4						2	
3		5		8			7	
					9	2		3
			7			4		

	3	8			1			
	4			3		5		
		7		6	4			
1	9					8		
5						1	4	
	8				2		9	
			7					8
				5	6	2	7	
			4					9

	6	1						3
					7		4	
2		5			3	7		
3		2	6					
	5	7		4			8	
					9		2	
		3						
9			5	2				
	2					1		8

								6
5	2	4		6				9
9	6			5				
			6		7		8	
		8	5	9				
2						3		
					1	8		4
	4							
	7				6	2	1	3

		3	5		2		7	
			1	6		3		
		7						4
5	2				9			
				2		8	1	
			3					
	4		7	5				8
6			2		3			
		9						2

8	6	9	5		1			
				7				
		5	8		3			
			6			7		8
				2	4		3	
5		4						
4						5	2	
								3
6	3	8				9	1	

		9				4		8
	8		5			2		
7			1					
					3	6	4	
	3		4			9		
	5			1				
	7				6		2	
		3	8					6
4		2		7	1			

	3							
					7	5	6	
	8	5	1	6			9	
4	7			3	5	2		
		3				4	7	
				7				
	6					9		
				2			4	
9	5		6	1				

								4
6			3	2	1			7
1			4	8				
			6					
		6	9			5	4	2
		5				9		6
7	6				8			
				3		2		
	5	9					8	

		2		9			6	
					2	7		
5			6					1
8	3				7			
	7			3		8		
2				8	1			
	1		9					8
		5			3		4	
9						3		

9				5	2			
								4
					9	1	2	
			3	9			7	
	4							
6		2	1					
		9	7			2		8
	2	1			6	5		
		8				3		

	9					1		2
							4	
5	2			9				
		7	9			2	8	
	6		1		2	5		
			8			3		
9		3						7
					4			
		1	2	6				

					3			2
	5	9					8	
7	6			8				
6			3	1	2	7		
						4		
1			4		8			
			6					
		5				6		9
		6	9			2	4	5

		9	3			2		
	2			5			6	
3			2	7		5	1	
	8						3	
	1					7		
				8	2			4
					9	3		7
		2		4				
		5	6					

	4					5	2	
								3
8	6	3				9	1	
			7					
9	8	6		5	1			
5				8	3			
				6		7		8
			2		4		3	
4	5							

		6				9		
					2		4	
	9	5	6		1			
				7		5	6	
		3						
5		8	1		6		9	
	4	7		5	3	2		
3						4	7	
					7			

		2			3			
			8			6	7	
	8					5		9
2	4	5		9				6
6		9						5
				6				
				4	8		1	
7			1	3	2		6	
4								

								6
5			6	9				
6			2	5	4			9
				2		3		
	6	7					8	
9	5				8			
		6	7			2	1	3
			4					
		1				8		4

	8		4	6				5
5	9			8				4
	6			3				
8	5						6	
3	1					4		
		7				2		
					3		8	
			5	9			7	
			2	1		3		

	3		2		8			
8			1					
			3		4		9	6
		9				5	6	
6		5						
7			6		1			
	2					9	5	
			7	4		6	2	
		8					4	

			2		4			8
	1	5	3					
6								
		7				2		
		4	8			5	7	
5		3		1		9		
	4			5	9			
				4		3		5
							6	

	7							
5	3				2	4		7
			7		4		3	
	2		4					
					9			6
	1	6				9		5
								3
	6	1	9				5	8
7			6		5			

			9					2
3	2			6				
	7	5			4			8
	1	6					3	
2	5		3			7		
			7					4
9				5	2			
	3							
		2				1	8	

1		6	3					
7					1			
	8			4		5	1	
			6	9		2		4
	6							8
		2	4					
		7		3	5	8		
4							7	
2	3							9

			5	3	2			1
		7						2
					8	4		
1		3			7			
			6				2	9
		9					5	
	4		2					
6							9	
2			1	8	9			

								3
6	5		7					
9				6	1		5	8
	9							6
				1	6	9		5
4				2				
	2		5	3		4		7
7	4						3	
				7				

					7			4
			9			3		2
5	3			8			7	
		4					2	
	9	6	4	2				
			8			6		
		3					6	1
	4			5	1	8		
1								7

		7				8		3
3				8				7
8		1				2		
9					6		2	
		2		7				
	6		1			5		
				3		9		
	9		8					1
		3			4		5	

			3		1		5	4
	9			2			7	
		5	9			1		
4	2						8	
5				6		2		
				3				1
					3	6		
9		4	7					
8				4		7		

2							7	
	9			2				6
		6	5			1		
		9			1	8		
3				5				4
			9				3	
	3				7		8	
7			8		3			
1	8		2					

4					9			
7				6	5	3		8
		3						5
2		4		9			5	
		7	4				6	9
					6			1
5							7	
3	7		2		1			6

					5		6	3
	2				6	1	4	
			4	7				
			9	8				
1		8			2			5
4	9				7			
5		1						
						8	7	
	8	9				3		4

	7			9	5			
		3		1	2			
	8		3					
4				8		5		9
				3				6
5				6	4			8
	6					8		5
		2					7	
		4				3		1

			2		1	9		
				4				
	9					2		5
		4						
2	6						1	
			7				3	9
1		2			5	6		
9				8	2		7	
8					3			

4							3	5
5		9	4					
						6		
	3		1	5				
	2	4						8
					6			
	8			4		7	5	
1				3	5		9	
				7			2	

					1		8	3
	5		3					4
			6		4		7	
9				4				
8				7				
	2	7	5		6			
	8					1		9
	1	4				5		
		9			2			8

	2	1	9					
			2		5	9		
4								
	7			3	9			
								4
				1		6	2	
		5	6				1	2
		3					8	
8		2		7			9	

		4					1	
			4	7	3		5	
					5			6
			8			2	3	
	4	5			1			
		9				4		
6			7					
	5					8		
	3		5	2	9			

	8			9				1
		3				9		
4					3		5	
					7	8		3
			8		1	2		
		8	3					7
		7			2			
	1			6		5		
6			9				2	

4		2				3		
			5	4				
	6						8	7
3	8			5				
1	5		8	9	6			
		7						
							3	
			4			2		5
			6	8	3	1		9

			7				9	5
			8			3		
					3		1	2
	6						3	
	8			5			6	4
	9	5		4			8	
7					2			
	1	3			4			
	5	8	6					

		7	3		8			
	8	1			2			
	3		7				8	
	9			2				6
6					5	1		
		2					7	
		3		5				4
					9		3	
9			1			8		

6					3			
			7			4		9
7				4				8
1			9			5		
		7		2			9	
	4	5	3		1			
		8					2	4
	1			3				
2				6				5

					8	3		
					1			7
8	2						4	
5					2	6		
		3	9					2
7		2		3		1		5
		6	5					
4			2					
	9						7	3

	4	3				6	9	
	8	2	3					
		1		8				
					9		6	5
	1	6		7				
				6	5			
			2				5	9
					8		4	
4		7					2	6

9				5		1		
3	1						4	5
		2			9			7
7			9	4				
		4	8			7		
	3					6		
		6	5			2		
			4		2			8
		3					1	

3			4					5
				3		9		
	9				8		1	
	6				1	5		
		9	6					2
2				7				
		3		8			7	
7						8	3	
1		8				2		

			3			6	4	
		3			4	9		
		5		1				
	9					4		8
		8			5	2		
7					1			
		7	6				2	
	3				8			6
4	2		1	7				

4						9		
	6	5					2	7
7						8		
				1	9		8	
	2				8			9
				5			1	4
		3			4		5	
	1		8		3			
	4	6	7					

				5		4		
	5	4				9	8	
		2	9					
				9	3	7		
3	6		2				4	
					1			3
	2			1			7	6
1					4			
		8	7		5			

9				3		2		
	3		7	2		5		1
		2	5					6
		1				7		
		8						3
			8		2		4	
5				6				
					9	3	7	
2			4					

		4	3	1				
		2			7			
6			8	5				
	4		5	9		8		
				6		3		
	5			8		6		4
		3				1		2
8							3	
7						9		5

	7		8					3
6							4	
		1				8		
2							5	
			7	3		1		
		5		8	2			9
		6				9		
9			3		8			
	2			7	1		3	

	5				9	2	4	
	6	9		4			7	
			9			4		
3		8	5		6	7		
		5					3	
		6	1	2		3		7
		1	6					
	7					5		

9				8	2			7
1		2			5	6		
8					3			
			2		1	9		
				4				
	9					2	5	
		4						
2	6							1
			7				9	3

	4			6				
3					7		8	
		8	1					
		1				3	7	
	5			2				
9			5			8		2
		9	6					
				9			3	8
	3				2	7		1

			1		2	3		
			9		5		7	
				3			8	
		8	6		4			5
	5	9	8					4
		6	3					
	3	1				4		
	8	5					6	
7						2		

	6			2		5		
	3				1			
			8			4	2	
		7				9		4
	4			7		8		
3				6				
1		3	5		4			
	2		7				9	
		9		1				5

		5		8			4	6
				6				3
		4	5	9				8
	3						2	1
8						3		
7							5	9
	4		3	1				
	2				7			
6			8	5				

			8	6	9	5	1	
								7
					5	8	3	
	3						4	2
8		7				6		
			5		4			
3								
	2	5	4					
	1	9	6	3	8			

6			1	2	3			7
								4
1				8	4			
		5					9	6
					6			
		6			9	4	5	2
				3			2	
7	6		8					
	5	9				8		

1			4					
		8	5	7				
	2				1	7	6	
			3		9			7
3	6			2		4		
			1				3	
	5	4				8		9
		2		9				
					5			4

					1		3	
				9	3			7
6	3		2			4		
		8	7		5			
2				1		7	6	
	1				4			
5		4				8		9
				5				4
		2	9					

1		6			3			
7			1					
	8			4			1	5
		7	5	3				8
2	3					9		
4							7	
				9	6	4		2
		2			4			
	6					8		

7	3		2		1	6		
					6	1		
	5							7
	2	4		9				5
		7	4			9		6
		3				5		
	7			6	5	8	3	
	4				9			

2		3	9					
4				7				
	7				8	5	3	
	2							4
		6	8					
			4		2		9	6
1	6							3
		8		1	5		4	
7						1		

3				6				8
2		4				7	1	
	7				2		6	
	5					1		
	3		9					4
			6		4		3	
	8		2					5
9			4	8				
		7						1

	4		8					
6	2					4		7
9	5				2			
5	6		9					
			5	6				
				7			1	6
				8				1
					3		8	2
	9	6					4	3

	3				8			
1		2		3				
9		5			7			
				2		7		
				4			1	3
					6		5	8
6		4	5				8	
3							6	
8			4				9	5

			5			6	3	
				7	4			
2			6			4		1
				8	9			
9		4	7					
	8	1	2				5	
						7		8
	1	5						
8	9						4	3

				9		5	2	
2	1						9	
		4						
7						9		3
				6	2			1
			4					
	3				8			
	2	8			9			7
	5		2		1		6	

	6	4			5	8		
	3					6		
	8				4	9		5
3			8					
	9	5	7					
	1	2		3				
			6			5		8
				2			7	
				4		1		3

				8		1		
					3	2		8
9		6				3		4
			5	6				
6	5		9					
				7		6		1
5	9				2			
4			8					
2	6					7	4	

		7		4			8	
		6			3			
			7				9	4
4	5		3		1			
	7			2		9		
		1	9					5
	8					2	4	
		2		6			5	
1				3				

	2				9			
				5			4	
5	4						9	8
			1			3		
			3	9			7	
6		3			2			4
	8		5		7			
		1	4					
2				1		6		7

	3	4		6	9			
	1							8
	2	8				3		
4	7		6		2			
			9		5	2		
					4		8	
	6	1						7
			5		6		9	
							5	6

	1						8	
	3	4	6	9				
	2	8				3		
				5	9	2		
4	7			2	6			
				4				8
				6	5			9
	6	1					7	
							6	5

5	4						3	1
7			9			2		
		1			5		9	
8			2	4				
	1					3		
		2		5		6		
		6						3
		7		8		4		
				9	4		7	

	5				9	2		8
				1			7	3
2			5					
6			4					
		7			3		8	
	1			8				
		2	3			1		7
	6			9				
9						8	3	

					2		1	8
5		2		9				
			3					
		4	7		5	8		
	9					2		
6			2	3				
	7					4		
			1		6			3
	3		5	2			7	

	4			8		7		5
9				2				
		6				2	3	
7				4				
3					7	5	2	
			3			1		6
	2	5					9	
			8		1			2
						3		

5	9			7				
		3		8				
2	1		3					
	8				4	5	9	
4	6				5		8	
	3						6	
			2					7
				6		8	5	
			4			3	1	

			7	4				
1		4			6		2	
	3	6			5			
8		7						
						1		5
3	4					9	8	
			8	9				
					7		9	4
	5				2	8		1

4								6
	8					1		
		3	8				7	
				3	8			9
3			7		1		2	
	9					6		
	1		3	7				
5								2
		9	8		2	5		

	5					4	1	
	1	9					8	
		8		2		9		
					7			8
			5	6		7	2	
					4			9
7			6	4				
8		3		1				
		4	3				5	

	7							2
		1			5	6		
6				2			9	
	8		7				3	
			3		8			7
					2		8	1
		8	1			9		
4				5				3
	3				9			

2			8	1		5		
7				4	9			
	9	8						
			1	5				
							8	7
			9		8	4	3	
6					2		1	4
	4	7						
5						3		6

	2			6			4	1
				5		3	6	
			7		4			
1		5						
							7	8
9	8					4		3
	9	4		7				
8		1		2		5		
			8		9			

				7			5	9
				8		3		
			3				2	1
7			2					
	8	5		6				
	3	1	4					
	5	9			4			8
		8			5		4	6
		6						3

		1					5	
3			6	4				
	4		9				3	
			4		8			9
	5		2				8	
	1					7		
6				2			7	
	8				6			3
1		7				4		2

8		2	5					9
3	7						1	
					2	5		
7		1		2		3		
	3	8			9			
			6				9	
					6	4		
	8			7				3
			1				8	

	3		1					
4				2		3		6
		7	3		9			
		4			5			
8		9					4	5
				9			2	
			4			1		
			5	7			8	
7	6				1			2

1		3		5	4			
		9	1				5	
	2			7				9
	4		7			8		
		7				9	4	
3			6					
	3				1			
				8		4		2
	6		2			5		

7	2						5	6
		8				7		
		9				4		
9			8					2
	8		9		1			
4	1				5			
				7			6	4
			3	8				1
	5		4				3	

	6	5	8	3			7	
			5			3		
		9					4	
	9				5	4	2	
4			9		6	7		
		6	1					
2		1	6				3	7
					7		5	

2			7	4			3	5
4	7				3			
							7	
	9		8		5	1	6	
			3					
5	6							7
9			6					
			5	9		6	1	
	4						2	

7						4		
3			2	5			7	
				1	6			3
		6	3	2				
	4			7	5	8		
9						2		
				3				
					2		1	8
	2	5	9					

		5				3	6	
		6		2			4	1
7	4							
		7		9	4			
		2	8		1	5		
8	9							
							7	8
			9	8		4		3
			1		5			

				1			7	3
5			9			2		8
	2				5			
		2			3	1		7
6				9				
	9					8	3	
	6				4			
1				8				
		7	3				8	

		5		2				6
	2	7	3				5	1
	3				9		2	
9						7	3	
	6				5			
		4			2			
				8				3
2		8				4		
				1			7	

4								
7					6	1	3	2
					1		4	8
							6	
6		9	5					
2	4	5	6				9	
		2						3
				6	7	8		
	8		9	5				

			6					9
	2			4				
9	1	8	2					
	6					9		2
					9			5
7			1		3			
8							4	
					7	2		
2	5	3				1		

1		6		5	9			
2								4
				6		9		
7								
			3			4		7
3	5			7	4	2		
				3				
	7					5		6
6		1	5	8				9

		8	4					
2			5		9			
			2		6		7	4
3						8	2	
			9	6		4	3	
	8						1	
	7					1	6	
		9	6		5			
	6	5						

		3						
			5		6			7
	5	8			9	6	1	
	3		4		7			
4		7	2			3		5
						7		
9		5				1	6	
		6	9					
					4	2		

7	1						2	4
	6		2			7		
		8			6		3	
		1						7
				4	8		9	
		5		2		8		
	3		4	6				
1						5		
		4		9		3		

	2	5				9		
								3
			1		8		2	
9				2				
	4			8			5	7
		6				3		2
7				4				
					3		6	1
3			7			2		5

1				6			5	
	6		9			2		
		7			2			
		8	3					7
			8		1		2	
					7		8	3
8				9				1
	4				3	5		
		3					9	

		1				3	7	
5					2			
	9			5		8		2
4					6			
		8		1				
	3		7				8	
3			2			7		1
		9		6				
					9		3	8

		2				8	1	
	3							
9			2	5				
	7	5	4					8
					9			2
3	2			6				
	1	6				3		
					7			4
2	5				3		7	

	7	3			6	1		2
					1	6		
		5		7				
		7	3		8	5	6	
3					5			
		4				9		
7				6	9			4
4		2		5			9	

	4						2	
	6	9	4	2				
			8			6		
					7			4
			9			3		2
5		3		8			7	
		4		5	1	8		
	3						6	1
1								7

2		5	3			7		
			7					4
	6	1					3	
	5	7		4				8
3		2			6			
			9					2
9				2	5			
	2					1	8	
		3						

8			5	9				
		2						3
			6		7	8		
					1		4	8
	7				6	1	3	2
	4							
4	2	5		6			9	
	6	9		5				
							6	

								4
2		5	9					
9						2	1	
	7			9			2	8
				8			3	
6				1	2		5	
	1		6	2				
	3	9				7		
					4			

			5				6	
			3	7	4	5		
	4					1		
5								8
3			9	2	5			
		6			7			
4	5		1					
	9							4
					8	3		2

			5		4		1	3
9			7			2		
	5			1				9
	4	9						7
		8		7		4		
				6			3	
		5		2		6		
2		4	8					
					1	3		

			4				7	
1	6				3			
5		2		7			3	
	2			1	8			
3								
		9				2		5
2		3						6
			2				9	
7	5		8			4		

			1	8			2	
		8		3		7		
			7			3	8	
	8				9	1		
		3					9	
4			3					5
		7	2					
	1				6		5	
6				9				2

	2			4				
6								8
				6	9		2	4
3		2						9
		4				7		
	7		5		3		8	
8					4	1	5	
		7	1					
	6	1		3				

3							1	
		7					3	9
	4		6	3		2		
				1			4	
6	7		2					1
					8	7	5	
		4						5
	8	9	5		4			
					2	9		

	8	3	6		5			7
					9			4
	5						3	
7								5
	1				6			
	6			2	1	7		3
5			9				4	2
6	9			4			7	

		3			5			4
	1					8		3
	4	6				7		
					8		1	9
	2			9				8
				4	1		5	
7			8					
	6	5		7	2			
4			9					

					3			1
3	6		4			2		
				7			9	3
	2		7		6		1	
		8				7		5
1								4
		2				9		
	5	4	8	9				
				4			5	

							6	
			3			1		5
8			2		4			
	5	7	8					4
	2							7
	9			1			5	3
				5	9	4		
		6						
5	3			4				

			6					
				5	3		4	
		4				9	5	
				8		4		2
5		1						3
	6							
7					2			
4			7		5			8
3	5				9		1	

		8	5	9				
2								3
			6		7	8		
5	2	4		6			9	
9	6			5				
							6	
	4							
	7				6	1	3	2
					1		4	8

2				6		4		1
			4		7			
				5		6	3	
8	9						4	3
						7		8
	1	5						
			9		8			
	8	1		2			5	
9		4		7				

			8			4		2
		3		1				
		6			2	5		
1	3		5	4				
		2	7					9
	9				1		5	
	7					9	4	
		4			7	8		
3					6			

	3			6	4			
1							5	
		4		9			3	
7	1					2		4
		8	6			3		
	6				2		7	
		5		2			8	
			8	4		9		
		1						7

		7		3		2	5	
	3						1	6
4				7				
			5		2	9		
							3	
	8	1						2
2				9				
8					4		7	5
			6			3	2	

		9					5	
			6			9	2	
1		3		7				
				8				4
		7				2		
			5	2	3	1		
2			1	9	8			
	4		2					
6							9	

8	3				7		6	5
					4			9
5			3					
		5	4		2		9	
9		6	7			4		
1								6
6				7	3	2		1
		7			5			

4	8				9			
			7			1		
2				8		5		
				5			1	
6		4						3
9				3		4		
	6				3	8		
			4		2		7	1
		2		7				6

					1			4
			8			7		5
	6	7		2			1	
			2			9		
9		8	4	5				
4							5	
		4		6	3	2		
7							9	3
	3							1

			3	8				9
		3		1	7	2		
9							6	
	3		8			7		
8							1	
		4						6
	9			2	8		5	
1			7		3			
		5						2

	4	7						
6			2			4		1
5						6	3	
				5	1			
			8		9		4	3
						7		8
	9	8						
7			9	4				
2				1	8		5	

		8					3	
				8	2	4		
		1						7
	5		6					
	2			4				
					9	7		3
		2		5			6	
3			2	7			1	5
	9		3					2

	7					2		
	4				8	5		7
	3	5	1			9		
		6						
				4	2		8	
1	5				3			
4			5	9				
								6
			4			3	5	

	1	4		6		2		
			4		7			
3		6		5				
4	3					8		9
							5	1
	8	7						
5				2			1	8
				7		9	4	
			9		8			

8						9		1
	9		2			8		
1	4							5
			4		6		7	
5					3	4		
			1			3	8	
		8		7				
2	7		6		5			
		9		4				

8					5			2
		9					8	4
	7				1			
			3			4		6
5				1				
3					4			9
7			6			2		
		3			8		6	
	4	2	1	7				

				3				2
6	7				8			
5		9				8		
	6		3	2	1		7	
	1		4	8				
							4	
		5					6	9
			6					
		6	9			4	2	5

	4					8		2
		7			1			
3					8			
6					2	5		
		2	9				3	
1		5		3		7	2	
	7	3						9
			5				6	
			2			4		

			4		5			
7		8				6		
	3						4	2
			5			8	3	
								7
			9	6	8	5	1	
5	2				4			
9	1		8	3	6			
		3						

	7					2		
	3	5		1		9		
	4				8	5		7
								6
				4		3	5	
4			9	5				
1	5				3			
		6						
			4		2		8	

		4						1
			7	3	4			5
				5			6	
3			2	9	5			
5						8		
	6				7			
		9				4		
4		5		1				
					8	2		3

		9	6					
			5	9			1	6
	4						2	
			3					
	6	5				7		
	9		8		5		6	1
	7	4			3			
							7	
		2	7	4		5	3	

2	4							8
	5			6		2		
				3			1	
	9	4			7			
			3			6		
	8			4		7		
		5			9	1		
			1		3		4	5
9				2				7

		8		3	5			7
	9					2	3	
7						4		
	8						6	
	4	2	6	9				
			4					2
					1	7		
1		5		4			8	
			3			1		6

				7			2	
		1	5	3			9	
8				4			5	7
			6					
3				5	1			
2	4					8		
	9	5			4			
		4				5	3	
								6

	9		4					
	5	6	7			3		8
				3				5
			5				7	
2	1		3		7			6
	6							1
4				7			6	9
		9	2	4			5	

		7				9	4	
	3		6					
4			7			8		
				8		4		2
6			2			5		
3					1			
	1	3		5	4			
2				7				9
		9	1				5	

		6	9					
9						3		8
	2			3			7	1
2				5				
			1			7	3	
		5			9		8	2
6				4				
		1	8					
	7				3	8		

4						2		6
	2	5					7	
	1	6		2				7
			5	3			2	
	9				7	4		
	6		8			5		3
		8			1			4
7			4	5				

		2	6		7			
	7	1			4			
		6			5	3		
			7	8		1	4	
			2		1		7	8
	4	9					1	3
8	2					5		9

	1				7			
4				8			1	5
		3	6		1			
3	5		7					8
				3	2	9		
					4		7	
		4	2					
				6		8		
9		6				4		2

7			3	1				
		6					9	2
			9					5
8						4		
2	3	5					1	
			7				2	
		2			4			
				6				9
9	8	1		2				

	1	9	3	8	6			
	2	5			4			
3								
				4	5			
	3					2	4	
8		7						6
			6	9	8		1	5
						7		
				5			3	8

	2			5			6	
		3	2	7			1	5
9			3					2
	8						3	
	1							7
				8	2	4		
5			6					
					9	7		3
2				4				

2	6							1
					7		9	3
		4						
9			8	2				7
1		2		5		6		
8				3				
	9					2	5	
				1	2	9		
			4					

		9		8	5	6		1
5		6					7	
				3				
		4				2		
			9	5		1		6
9				6				
4		7			3			
						7		
2			4	7		3	5	

	1					3		
		2		6	3			4
9	3						7	
	4				1			
	5	7	8					
1				2		6		7
		9	2					
5							4	
			4	5			9	8

	2				7			
		6	5	8				
	4		1	3				
		8					3	
	3					2		1
		7				5		9
			6					3
4			9	5				8
5			8			4		6

		4	2					
	9							6
			1	6		9		5
	2		3		5	4		7
			7					
	4	7					3	
	5	6			7			
		9	6	1			5	8
								3

	1			5		9		
4		5				3	1	
		7			9			2
			9	4		7		
	6						3	
	7		8					4
		8	4		2			
1								3
	2		5					6

		3						8
	7							1
4				8	2			
	5	1	2	7		3		
	2		3				9	
		6		5				2
				4			2	
7	3				9			
			6				5	

							9	8
8	1			5		2		
	4	9				7		
1	5							
9		8		4	3			
			7		8			
							4	7
		2	4		1	6		
			6	3		5		

			2			4		
4		2				6		9
8				6				
9				3	2			
	7				4			
		8	7				5	3
	1	5		8				4
			6		1	3		
					7		1	

	4		5	7			8	
	7		2					
	3	5	9			1		
			3		5	4		
				6				
4						5		9
1	5						3	
		6						
					8		2	4

5						7		
3		7	1		2			6
			6					1
	7				4	6		9
2	4			9		5		
4			9					
	3							5
7			5	6			3	8

5					3		4	
		9				3		
	1			9				8
	3	8			7			
	7		3			8		
		2	8		1			
2			9				6	
					2	7		
		5		6				1

8				7				
9				4				
	2	7	5		6			
	8					9	1	
		9			2	8		
	1	4					5	
	5		3			4		
			6		4			7
					1	3		8

		4				8		
6		2	4		7			
9		5					2	
				8	2		3	
					1			8
	6	9		4	3			
				1	6			7
						5		6
5		6				9		

	2		5			8		
	4	8					9	
			1					7
				1	7		2	4
2				6		7		
		6	8				3	
	9		4			3		
4	6			3				
					1	5		

					3	8		
		7	8		2	9		
6					5	1	2	
			4					
9				2	1			
2	5							9
							4	
	9	3		7				
		1				2		6

		9		8	2		7	
		8			3			
2		1			5	6		
				4				
	9					2		5
			2		1	9		
	6	2					1	
4								
			7				3	9

9			2					
	6					2		3
		4	8			7	5	
						3		
	5	2						9
				8	1		2	
				3		1	6	
3					7	5		2
7			4					

7							2	
	1	3					4	
	5	8				6		
	8		6	4				5
	6		3					
	9	5	8					4
			9	5		7		
					3	8		
			1	2			3	

		3			8			
9	5				7			
1	2			3				
				4			3	1
					6		8	5
				2		7		
3								6
6	4		5					8
8			4				5	9

			7				3	1
	2	9		6				
	5						9	
				2		4		
	9							6
			9	1	8			2
4			8					
		1	2	5	3			
		2					7	

	9		5					1
	3	1				5	4	
2					9	7		
3							1	
				4	2	8		
6				5				2
		3						6
4				8				7
	7		4	9				

				2				9
		4					5	
8		9	5	4				
4			6		3			2
	3					1		
		7				3	9	
7	6		2				1	
				8		5		7
					1	4		

	1			6	7		2	
5		7				8		
4								1
			9		8	4	5	
		9				2		
	5		4					
		2			4		6	3
1				3				
3	9		7					

6	4						3	
9					3			4
					5	1		
2					8			5
4		8		9				
			7					1
	2				7		6	
		6		3				8
			4	2		7	1	

2					6		5	
		1			3			
	8						4	2
	7				2			9
	5	4	3	1				
1			9			5		
7					4		8	
6				3				
			7			4	9	

		9					2	1
						4		
	5	2		9				
			4					
3	9						7	
1				6	2			
					8			3
7					9	8		2
		6	2		1			5

7			6					
				5				8
5	2	9		3				
4	7	3					5	
		5				6		
					4		1	
		1		4	5			
8							3	2
					9			4

9		6		4		7		
		5	9			4		2
		7						5
6				2	1		7	3
1					6			
					9			4
8	3		6		5			7
5						3		

		2	4					
				9				6
6		1				9		5
								3
1		6	9				5	8
	7		6	5				
			7	4			3	
	5	3		2		4		7
		7						

2				4				
5			6					
					9	7		3
				8	2	4		
	1							7
	8						3	
9			3					2
		3	2	7			1	5
	2			5			6	

			9		5			4
5		3			4			
	6							
	7	5		8		4		
		2				7		
		9			1	3	5	
							6	
8			4	2				
				3		5		1

		3						
				6	5	7		
	5	8		9			1	6
		6			9			
9		5					6	1
				4				2
4		7			2	5		3
								7
	3			7	4			

				2	5		9	
8	1							2
						3		
					6	2	3	
		8		4		7		5
		2	9					
3						1		6
	7		3			5	2	
		4	7					

	6							
				4			5	9
5		3					4	
		2			7			
	7	5			4	8		
		9	5		3		1	
				1	5	3		
8						2		4
			6					

	6				2			7
	1	7				2	4	
8				6		3		
4			9					3
	3		6		4			
		1						5
			4	8		9		
5			2					8
1							7	

				7		1		
5	1				8		4	
			6	1				3
	7			4				
		9		2	3			
8			7			5	3	
2		4					9	6
			2					4
		8			6			

9	2							6
	5		9					
			3	1			7	
				2		8	9	1
					4			2
	9			6				
		4					8	
2			7					
1						3	2	5

		8					3	
		1				7		
			2	8				4
	9				3	2		
		2		5			6	
3				7	2	5	1	
	5				6			
			9			3		7
	2			4				

	1		3	7				
		5					2	
9			8		2			5
		3	7		1	2		
				3	8		9	
	9							6
		4					6	
	8							1
3				8		7		

	8		3					
	1				7			
				4		2		8
	2		6					5
		3	1		5		2	7
9					2		3	
2								4
				7	3	9		
5							6	

			4			1		
3	4	7				5		
5							6	
9	5	2			3			
					5			8
	7			6				
			9					4
1			5		4			
	8					3		2

				5	9			4
	6							
3		5		4				
2						7		
5	7		8			4		
9				1		3	5	
							6	
			3			5		1
		8	2		4			

7		4	3					
		2		7	4	3	5	
						7		
				3				
9			5	8		6		1
6		5					7	
4						2		
		9		6				
				5	9	1		6

4		5						1
			3		2	8		
		9			4			
		4	1					
			5			4	7	3
				6				5
3						5	2	9
	6					7		
5					8			

7		5			4		8	
			9				2	
2	3			6				
5	2		3					7
			7				4	
1		6				3		
3								
	9			5	2			
		2				8		1

			3			1		5
	8		2	4				
							6	
2								7
9					1		5	3
5		7	8					4
				9	5	4		
		6						
3	5				4			

			3					
8	6	3		9	1			
	4			5	2			
					3	4	2	
			8	7				6
4	5							
5						3		8
9	8	6				1		5
							7	

	8			5	9			
			7	6				8
		2					3	
2	4	5			6	9		
						6		
6		9			5			
7			6			3	2	1
			1			4	8	
4								

9						5		
3		1			7			
				6		2		9
		2	8	1	9			
	4			2				
		6				9		
7								2
			3	5	2			1
					8		4	

8			7	6				
				5	9			8
	3					2		
1	2	3	6				7	
	8	4	1					
							4	
		9			6	5	2	4
		6						
					5	9	6	

4				5				
			9			2		
9		8				4	5	
	3				1			
7				9	3			
		4	2				6	3
			7		5	8		
					4			1
	6	7		1			2	

4					5			3
		3	9					
	8			1			9	
	1		5				6	
		7						2
6					2	9		
			2			8		1
			8	3				7
		8		7		3		

			5			3		6
				4	7			
	2		6				1	4
9	8					4	3	
							8	7
1		5						
				9	8			
	9	4	7					
8		1	2			5		

8					5	2		
	7				1			
		9				4		8
3					4	9		
			3			6	4	
5				1				
7			6				2	
	4	2	1	7				
		3			8			6

		5			4	3		
	9		3					
1				8				9
		2			6		9	
	5			1				6
			7			2		
	2					1	8	
3	8					7		
7			8				3	

						8		7
			5		1			
				8	9	3	4	
7		4						
	6			2		1		4
	5						3	6
	7		4	9				
	2		1		8		5	
8		9						

2					4		3	6
		1		3				
	9	3	7					
			9		8	4		5
	5		4					
9						2		
7		5				8		
	1			6	7			2
		4					1	

			6		2			1
	7						9	3
				4				
		3			8			
8		2			9			7
		5		2	1	6		
			9			2	5	
4								
	2	1				9		

8				4				
			6	2		7		4
	2		9	5				
				9	6	3	4	
		8				1		
	3					2	8	
9			5	6				
5		6						
		7				6	1	

	2			4				
		6					8	
				6	9		4	2
1	6			3				
7			1					
		8			4	1		5
	7		5		3			8
4						7		
2		3					9	

2								3
			7		6		8	
		8		9	5			
	4							
	7		6			3	1	2
			1			4		8
9	6			5				
						6		
5	2	4		6		9		

1					7			
		3		6	1			
	4		8				1	5
		4		2				
	9	6				4		2
			6			8		
			3		2	9		
					4		7	
5	3			7				8

	9						2	5
			1	2			9	
					4			
		4						
2	6					1		
				7		3		9
9			2		8	7		
1		2	5				6	
8			3					

1					7			
			4			8	2	
8				3				
		3		1	5	7		2
	9				2			3
2				6		5		
			7		3		9	
	5							6
	2					4		

					6		8	
6	9						4	2
4				2				
			2		3		9	
	3	5		7				8
			4			7		
	4				8	1		5
3			1	6				
		1	7					

		1	6					5
	7				2			
6				9		2		
4					3	5		
	3							9
		8	9				1	
				8	1			2
	8			3			7	
					7		3	8

		4	8	2				
7							1	
	3						8	
			4			2		
					6	5		
3		7		9				
	6		5				2	
5	1		7		2			3
2					3	9		

	7				3	8		
		2	1		8			
	3	8	7					
5			3				4	
	1			9				8
		9				3		
2					9		6	
			2			7		
		5		6				1

	7		9			4		
5		3					2	
		2	1		6			7
				4		2		6
			2		5		7	
8			6			5		3
	1				8			4
4		5		7				

3		4		1				7
				9		8		
					7	4		6
			8	2		1	5	
8		1		6	9			
	9							3
		9		8				
	7	8	9					
	1			5		9	6	

		1		9		5		3
	8		7	5				4
				2				7
		4		3	5			
			6					
9		5					4	
	3						1	5
						6		
4	2				8			

		9	8				6	
				9	1		8	
			5			9		7
3				6				8
		7		2				
4	9				7		2	
		1				3		
5	3		9					2
	2				8	4		

	9			1			3	
			8		3			
		8			7	4		5
5						2		7
7		4		6	5	1	8	
		6	7		8			
9			1		4	8		
	6			7			5	
						9		1

6			3		7	9		
9				4		6	7	3
	7	1			3	4	2	
3		8					6	
	6					7		8
7	1	6	2					5
		2		3	4			7

		2	6	7				1
	8					7	5	
1							4	
	4	5		8	9			
					4			5
	2					9		
					7		3	9
			3				1	
3		6		4		2		

8		2	5		9	4		
			8				5	9
	5		1					
	8	1		2			7	
7		4		8			2	
				1	6	8		
	3	6	2			1		4
4						2		

	5				7			6
8	1							2
	4						5	8
4		3	9		6			
2	9		7	1				
				2	1	3	8	
			3	8			4	1

					7			1
				3				8
2	8		4					
	7	2		1	5		3	
		3			2	9		
	5			6				2
9			7		3			
		6				5		
	4					2		

1			9	7	2	5		
7				6		1	4	8
					8		2	
	1	4						6
				2	6	4		5
9						2	7	
	5	3	6					
			8	4		3	5	
8				3	5			

4						7		
2	3						9	
		7	3	5				8
1		6			3			
7				1				
	8		4			1		5
		2			4			
			9		6		4	2
	6						8	

			9					2
	6		2	4			5	
4							8	7
			3			7		
		5						6
7	8			6	1		9	
	9	8		5			7	
					4	6	3	
		1				5		

6		1				8		
		9	2					
7			3		5		9	
5				7	3	2	1	
	1		9					
		7						6
9					1		8	4
3	7			8				
	4							5

7		6						1
1	8						2	6
	3			9	6			7
3					7		4	
					3			2
							3	
2	6			7				
4		7		6	9			
		8		3			7	5

1				7				5
9	8		1	2				4
		5	8			3		
		6				9		
	9		7	5				
					6			8
	4		5		8		3	7
	1				7		8	
		7	6			1		

5				2		6		
					1	3		
4		2	8					
9	4							7
8				7		4		
				6			3	
	5			1				9
			5		4		1	3
		9	7			2		

			5	2				
						7		4
	1	9						
	7	2		6		4	5	1
		6	8			9		
5			7			8	3	
	8	3			1	6		
	6			3				7
7				8	6			9

		9	8	5				
	8				1		7	
					9	6		2
		5				3	4	
1			9					7
	2	3					9	
			6		8		2	
3	4			9				
		2		7		8		

8			5		9			
	5			4			7	
				8		6		1
9						3	2	
3	1						8	
		4	8					7
			6	5			1	
	2	3			8			
1					7	5		

3		9			7			
1				3				
	2		4			6		3
		1	7	6		2		
4								1
5	7						8	
	9						2	
			8		9	5	4	
		5			4			

2	8		1					
	3		7	9				
1				6			7	
3								
8	4					5		
	1					8	6	2
			9			4	5	1
				3				
			2	4				8

			6	5		7		
8		5	3		7		9	
7	2							6
		4			5		6	
			4				1	
	9	2				3		
		6			9		8	
4							7	
				1	8			5

					4	2	8	1
			9					4
	2	7	5					
					9		6	
				1	5			2
	8	2					1	
	4	1			2			6
	7				8	4		
		8		5				3

1	9	8			2			
2				4				
					6	9		
			7					2
5	2	3						1
	8						4	
6						2		9
			9			5		
	7		3		1			

3				8				7
	7						8	3
8	1						2	
	3		4			5		
		9			8			1
				3			9	
	2			7				
9			6			2		
		6			1		5	

9					8		4	7
			1				3	
	4	3				8		
	8	4			6			2
	1			9				
5			4	8		1		
8					1	7	9	
			9	3				8
		6					5	

9					5	2		
	5	4		1		3	6	
		6		9			5	
	6					1	2	
				7		5		3
7					2			
	1		7	6		9		8
	3		9					5
4					3	6		

		5	2				6	
					1		3	
2		4		8				
		8	7				4	
			6					3
	4	9				7		
				5	4	3		1
9				7			2	
	5		1			9		

		6			5	1		2
					3	8		
7				8	2	9		
1						2	6	
3	9		7					
								4
		9	2		1			
	5	2					9	
				4				

	9		3		4			
	7			2		8		
6		8					2	
				3	2		9	
9			1					7
				5		3	4	
		1			8		7	
		9				6		2
8	5			9				

7	4		2	6		8	5	9
	9			4			1	
5			3					6
2				5				
	6		4					
				1		6		8
8				2				
9						2	7	
	3		5					

	7		6					
					5	8		
9	5	2			3			
5							6	
				4				1
3	4	7						5
1				5	4			
				9		4		
	8					2		3

6	8	9		4	7			1
4			3	8	1	6		
						7	8	4
	9							
		6		2	5			
1	4		6					2
					6			
		1		5	3	4		
3	6		9					

3	2					9		
			8				7	
5					1		3	
				5	4			6
		8					2	
9					8		1	
7		6	3		9		5	
			7	4		1		
	9	1						7

	2					8	5	
1			6			9		3
7			8					
		6				5		
3					6			
4		8	7	3			1	6
		1		6	3		9	
	6		1		5			
		3					2	

				7	4			
			5			6		3
2			6			4	1	
						7	8	
	5	1						
8		9					3	4
	1	8	2					5
9	4		7					
				8	9			

					3		1	
9				7	4			8
	3	4	8					
	4	8		2				6
		1				9		
5			1			8	4	
				8		3	9	
	6				5			
8			7		9			1

		8		3	5			
			8	4		5		3
3	5		6					
		1	9	7	2			5
					8	2		
		7		6		4		1
4	1						6	
		9				7		2
				2	6		5	4

				8			5	3
9		7				2		
6	5							
	1	3	9		8	4		2
8				4	7	6		
4	7			5				9
3						5	2	
				7	4			
			2	3				8

8	7					4		
5			2		4			6
	2		9					
		7	3					
	6						5	
9				1	6	7		8
3		6		4				
7					5		8	9
		5					1	

					7	4	2	
			6	2	1	9		
							8	
		8						
2		7		6				
1			5	7	4			
7		4				1		
		1	3				5	
8						3	9	

		8	4	1			9	
5					7	6		
	1	9						
	5	4	7					8
3					1	9		
			3	8				
8		1	5		6		7	4
	7	2					5	
			8	7				6

	8		6		4			
9						6		
				5	7			9
	7	3	8		5			4
1					6	7		
		8	7					1
	5			7			1	
3					8	5		
	4			2	1		9	8

	3	6		9		1		
				2		3		
1	5						6	
6			3		9			1
8								7
				5	8		2	
	6							3
7		3	6	1		8		4
					5	6		

	6	3			2	1		4
			1	6		8		
4						2		
8	2			9	5	4		
		5			1			
					8		5	9
7	4		8				2	
	1	8	2				7	

8			4				1	5
	7				1			
	1	6		3				
			9	6		4		2
6						8		
		2		4				
	4						7	
3	2					9		
		7	3		5			8

		9	4					
			2		3	8		
4		5					1	
	6					7		
5			8					
3						5	9	2
					5	4	3	7
		4			1			
				6			5	

	8		6	1				
9			7				5	3
				9				2
8		4	9				1	
			3		7	8		
		5			4			
		6		7				
					1			9
1	2		5			7	3	

1		3					4	9
	5	9				8	2	
				4			7	1
	3			5				6
				7	6			2
7		8		1	2			
4	1		8		7			

		2		6		5		
9					2			3
	3			1	5	7		2
		8		3				
			4			8	2	
		1			7			
5								6
2						4		
			7		3		9	

	3	2				8		
				3			5	2
4	7							
				6	5			
	8					3		5
			7	9			2	
8		9	3				4	
	5			4	7	9		3
7	4			8			6	1

				8	3		1	4
			1	2		3		8
	5		7				6	
	4						8	5
	1	8					2	
	9	2		1	7			
3		4	6		9			

	3	5		4				1
9						3	6	
	6							
	5	2						6
6			2			1	4	
							9	
			4	7	8			
3		8		6		4	5	
	7	4	1			6	8	9

	7					9		4
3			6					
		4	7			8		
		6	2			5		
		3		1				
					8	4	2	
		2			7		9	
	9		1					5
1	3			4	5			

9		4			7			
	8	1			2	5		
			9	8				
			4	7				
2					6		1	4
					5	3		6
							8	7
8	9					4	3	
	1	5						

					9	1	5	4
			4		2	8		
			3					
1			6				7	
		3	9		7			
2		8			1			
8		4						5
		1				2	6	8
3								

1	4				9	8		
		7	6				5	
						9		1
	5	6				1	8	
7	8			6				
					5	2		7
8	3							
		1	9				3	
	7			8		4		5

9			6			2	4	5
6								
			5			6		9
	3							2
			9		5		8	
		8		7	6			
						4		
3	2	1		6		7		
4	8			1				

4			2					
			8			6	1	
	3	6	1		4			2
	5							1
8		2	4			9		5
				5	9			8
7		4		2			8	
	8	1		7			2	

9			5	3		2		
	8			2			4	
					1		3	
5						7	9	
8					9			6
	1	9						8
		2			7			
		6	3			8		
	7		4	9				2

					7	1		9
7	4		1					
3		9		5		6	7	
8				7				
			9				3	2
		1		3			5	
				2		8		
		8		1			9	
	5	4			6			

		6	2			5		
2					9		3	
5		1		3		7	2	
					5		6	
					2	4		
3	7							9
7			1					
		3	8					
	4					8		2

			9	8	1	2		
					2			4
	9					6		
9	2				6			
			7			1	3	
	5						9	
1			2	3	5			
2							7	
		4	8					

3			6					
	6		3	5				
7				1			8	6
				6		2		
4	3						7	1
8		6	1		3			
6								3
1			9		2	5		
		5				8		9

						8		
			7			2	4	
			1	2	6		9	
1			4	7	5			
		8						
2		7		6				
7		4					1	
		1			3	5		
8						9	3	

		2					6	7
7		1						4
		6		3				5
4		9	3		1			
2	8		9	5				
			8		7		2	1
				1	4	8	7	

3			2					
	6					5	1	
1			9			3		6
		1		9	3		6	
	2		5	8				
		7					8	
		3				6		
8		4	1		6		7	3
6				5				

	5			8	3			
			7					
8	9	6		5	1			
6	8	3				9		1
4						5		2
							3	
			2		4			3
5	4							
				6		7	8	

	4				3	6		
1			6	7		9		8
3				9				5
5						3	6	
	9				5	2		
		6	9				5	
6						1	2	
	7				2			
			7			5		3

8		4		1				
2	1	3		6		7		
						4		
		6						
					5	6		9
		9			6	2	4	5
			5		9		8	
	8		6	7				
3								2

		1			8			7
		4	7		3		5	8
	7			1			6	
9		8				2	1	
	5			3			8	
1			5			7		
	6			9				
			8				4	6
		9				5	7	

	8		1					6
				3		9	8	
1				9			4	
	9		8				5	
		4				1		8
		3			6			4
	7			8				2
		8	7				1	
3	4		9		5			

1		6			7	2		
9			4					7
				2		3	5	
2		5		7				
	4		2		6			
	7					5	4	
6			5		3		8	
		8			4			1

			4				1	
9		2						3
		4			5		6	
	8	5	3		7		9	
			6	5				7
2	7					6		
	4						7	
		6			9		8	
				1	8	5		

				5	6			2
5		8				3		
	6	9			3	5		1
	4		9				7	
3		1			5			6
				6	4			
	3		5				2	
		6		9	1	7		
9		7						

1			3			5		
4	7							1
	8					9		3
8								
7	2			6				
	1		5	7	4			
					7	2		4
						8		
			6	2	1			9

		4	8			7		5
		7						2
5		3		1				9
	1	5	3					
6								
			2		4		8	
				4			5	3
	4			5	9			
						6		

	6					3		8
8		7					6	
	2	4	3				7	1
		9	7		3	6		
3	7	6		4		9		
5					2	7	1	6
7			4	3				2

4								2
		6						5
	9			3	7			
			3				8	
8	2				4			
				7			1	
5			6				2	
7		2	1	5		3		
		3		2				9

	1				3			
2					4			8
3		5	2				9	
				8		9		1
	9			6			8	
			7		9		5	
		3	8			6		
	7					2		
9		4		2				7

8	3	6	9		1			
		4	5		2			
				3				
			7	8				6
4		5						
					3	2	4	
5							3	8
						7		
9	6	8					1	5

2							9	
				8		6	1	
3	5		9			7		
					6		7	
	3	7	1	2		5		
9								1
	1		8		4	9		
		8				3		7
					5			4

		6		2				7
7		1				2	4	
	8				6	3		
	5		2					8
	1						7	
			4		8	9		
1								5
		3	6	4				
	4		9					3

6					2	9	1	
	8				5		6	
		7	4					
3	4		6				7	
5			2			4		
					7			2
8		4						5
	1					7		
		5					2	3

8	3	6				9		1
							3	
		4				5		2
4		5						
					6	7	8	
			4	2				3
9	6	8	1		5			
				7				
5			3		8			

	4	7	1					
		8	3		9			
	1				5		3	
					8			
			9			2	6	1
			4		2			7
	8							
	7	2				6		
		1				7	5	4

8				2			7	
	5	9				3	4	
		7	1					8
	6			4				3
				8	1			4
		8	5				9	
		1		6			8	
3			8		9			
9			4			1		

		7				2		
	6			1	2			
			3	5			7	
	1		8	9			6	7
	3							9
		4		6		3		
4	5			3	6		1	
6					5		9	
		9		2		5		

		5		4			6	
	4						1	
			9	2				3
					4		7	
		9		6			8	
1		8				5		
			2		7	6		
	3	7		5	8		9	
5	6							7

				5			4	1
		2	8				9	
			9	1				8
		1	3		8			
	6	4			7			
	3		4					5
4						9		
	5	6					7	2
7						8		

3		2				6		
	5	7			8			4
					2		9	
		3						
	2		8	1				
9						5		2
2		5		7			3	
	6	1	3					
					4		7	

	5	3			1			9
		7						2
		4		8		7		5
			4	2			8	
1		5		3				
	6							
4			9		5			
						6		
					4		5	3

	7		3		4			1
8								9
4	6					7		
1		5					8	2
	3			9				
			8		1	9		6
				7	8		9	
9		6		1				5
					9			8

						8		9
1	8			5			2	
4		9					7	
						7		4
			6	3			5	
		2	4		1		6	
5	1							
	9	8		4	3			
			7		8			

			3				5	1
						6		
	8		2	4				
				9	5			4
3	5				4			
		6						
9					1	5	3	
5		7	8				4	
2							7	

						6		
	5	9		4				
	4						5	3
8					4	7		5
	1		5		3			9
					7			2
2		4					8	
3				1	5			
			6					

		9					8	5
			2	6		9		
8					7	1		
4	3							9
		2		8				7
					2	8	6	
		5		3	4			
	1		7				9	
2		3			9			

	9					6		
				7	5		9	
		8	6	4				
8			7				1	
3		7	8	5			4	
	1			6		7		
		5			7			1
	3			8		5		
		4		1	2		8	9

		7	1					9
	9			2	3			
3	4				5			
			3	4			9	
	2					8		6
8					2		7	
					9		5	8
	7			8		1		
6		2				9		

2	8	1				4		
			7	2				5
		4						9
4				7		8		
		3	8				5	
		6	1	4		2		
		2				5	1	8
	6					9		
	1		2	8				

2						3		
				6	7			8
		8	9	5				
5	2	4	6				9	
9	6		5					
							6	
	4							
	7				6	2	3	1
					1	8	4	

			8		3			9
	3		1	7		2		
9							6	
1				3	7			
	5							2
		9	2	8			5	
	4							6
8							1	
		3			8	7		

					7		3	5
7				2				
	6					2		1
	3		9				5	
	1		7		6		8	9
4				3				6
	5	4			1			3
		6			9			
9				5				2

3					4	6		
	6	7	1			9	8	
		9	3				5	
	7					5	3	
2					7			
			6			1		2
5					9	2		
	1		5	4		3		6
	9			6				5

				6	5			
5		6			9			
				7			1	6
	6	9					4	3
				8				1
			3				8	2
6		2				4		7
		4			8			
9		5	2					

	2							9
	8			7	5	4		
			3	2			6	
			9			2	5	
1		8			2			
				3				
		3		1	6			
7			2	5				3
	4							7

		8			7			4
	4	9					7	
					6	3		
		5			2			6
				1				3
2		4	8					
			5	4		1	3	
	5				1		9	
9			7					2

				8	3		4	1
			1	2		3	8	
	9	2		1	7			
3		4	6		9			
	4						5	8
	1	8						2
	5		7					6

8			3				7	5
7	4		6	9				
	2	6	7					
				3				2
	3			7			4	
			4				3	
	1	8					2	6
		3	9	6				7
6	7							1

			4					1
4	7	3						5
		5					6	
8						2		3
		1	5	4				
			9			4		
				5		8		
5	2	9		3				
7					6			

6		5					1	
	7			1		5		
	8		3		2			
		4			5		7	
		8				6		1
5	9			8				
8			4					7
				9		3	2	
				3	1		8	

6	1				9		8	7
				6		5		
		3	7					
4		2			5		6	
				7	8			4
		9		2				
5					7	8	9	
			5			1		
	4		6		3			

		1			5			
	3					6		4
4					3	9		
1			7					
				9		4	8	
5					8	2		
	1	7	4	2				
8				3			6	
	6				7			2

5	2	3				1		
				7		2		
	8						4	
					6			9
2			4					
1	9	8			2			
	7			3	1			
6						9		2
				9				5

		9		6		5		
		1		4			3	
	5		9				2	
7		6			1		9	8
9					3			5
	3		4				6	
					6	2	1	
		7					5	3
	2		7					

	2		1		4			6
				3	6			5
						7	4	
			8		7			
5		1						
	8	9	3	4				
4	9							7
						8	9	
1		8		5				2

		3		5			8	
	4				8	7		
		6			2	4	1	
		2	8	1	5			
1						8	2	
6					9			
		4	9					
			5			2	7	
8	2	1			4			

			6				5	4
		8		2				
9				1				8
3	2				9			
5				3				1
				7		8		
					1	7	4	
	9	1	7					
7		6		5		3		9

2			1		8			
	3							
		9					5	2
				4		7		
6	1				3			
	5	2	7			3		
				2		9		
5	7			8				4
	2	3					6	

7		3	8					
		9		1			4	8
4							5	
	9				2			
	1	6				8		
		7		5	3			9
		5	7	3		2		1
	7						6	
1					9			

9		5				8		
7	4					5	6	
			3					
			9		7			4
			6	8			2	9
3								
		9			3	4		2
8			4	7			3	
6	3		2				7	

	3					9		
		8			9		1	
4			3					5
	8			3			7	
			1	8		2		
			7			8	3	
		1			6	5		
6				9				2
	7		2					

			2				9	
	9		3	5				7
		8					1	6
					8	7		3
5						4		
4	8			1				9
6							7	
	1	2		3	7			5
			9			1		

7		9					4	
			3					
	8	6					9	2
			9		5	8		
		3						
			7	4		5		6
3					9	4	2	
	7	4	8					3
		2	6	3				7

	7	5		8		3		
			4	7		6	9	
			2		6	7		
		2					3	
	3					4		
	4		3				7	
				6				
	2				8			
		7			3	9	6	

	9					3		8
2			3				7	1
		6		9				
	6		4					
7					3	8		
		1		8				
				1		7	3	
	2		5					
		5			9		8	2

8		1		2			5	
			9		8			
	9	4		7				
1		5						
						7		8
9	8						4	3
			4		7			
	2			6		4		1
				5		6	3	

	7		6	4				
		1	7			4		3
		9		8				
		5		9	6		1	
9						8	7	
		8				9		
	9	6				1		8
8		2		1	5			
			3				9	

3	9		8					
1			7		4			
	5				1			3
9						1	2	6
4	2					7		
	8							
			1			4	7	5
					8			
			2		7		6	

	5	2						3
			7	4				
8			3		2			
	2					7		9
							5	6
3		5	8					
9		3	5				7	4
	6	1	4	7				8
2	4			8	9	3	1	

		5	9					
	9	2						6
			3		1		7	
					2	8	9	1
		9			6			
				4				2
	1					3	2	5
	2		7					
4							8	

2	4			3				
						4		5
		6	8		7			
				1	9	8	3	6
				2	5			4
			3					
7								
	3	8				5		
	1	5				9	6	8

			7	8		4		1
			2		1	7	8	
8		2					9	5
	9	4				1	3	
	6				5			3
	2		6		7			
	1	7			4			

	5			6				
					9		7	3
	2		4					
		8				3		
			8		2		4	
		1						7
		2	5			6		
	9			3				2
3			7	2		1		5

			1	6		8		
6	3				2	1		4
		4				2		
	5				1			
					8		5	9
2		8		9	5	4		
1	8		2				7	
4		7	8				2	

	8	5	2		6	1		9
9			8					
					9		7	
		6	5					
				3		7	6	
		9	1				4	8
8	9				1	4		
					8	3		
7		1		9				

	1		7					
5				2	3			
4		8			5			
		6	9	1		2		
7								4
	8			6		5		
					2	7		
		5	4					2
	4	3		7				6

		1				3	5	2
		2	7					
	4							8
			3		1			7
5			9					
2		9					6	
9					6			
					2	8	1	9
				4			2	

				3	2		6	
8			5		7			4
2						9		
		7		2	5	3		
4						7		
	3		6		1			
	8	1	2					
					3			
				9			5	2

4				8				
2		6				4	7	
5		9			2			
			8				1	
					3		2	8
9	6						3	4
			7				6	1
6		5		9				
			6	5				

7					1			
1	6		3					
		8		4		5		1
4								7
	7			3	5	8		
2		3					9	
		6					8	
	2		4					
			6	9		2	4	

8			5				3	
1		4			2		6	
					8	4		
7		2		5				
				9			4	
					4	2	1	8
2		8						1
			1	8	5		2	
					9			6

1		7						9
	9	8	4			1		
			3			8		
6							5	
			7		6			3
9				8	4		1	
5	8		1	9		6	2	
		9					8	
					7	9		

6	3		1		4	2		
			8				6	1
		4	2					
4		7		2				8
1	8			7				2
2		8	4			5	9	
	5					1		
				5	9	8		

6		1				5	9	
		2	4					
				9		6		
	5	3		2		7	4	
		7						
			7	4				3
	7		6	5				
						3		
1		6	9			8		5

	6	1	7	8			9	
					5	6		
3								7
2	4			6			5	
			4			7	8	
9						2		
		4					3	6
					1			5
	5			9	8		7	

				3		6		
1	6		8	4			7	3
		5	6					
	3	9		1			6	
5		8			2			
				7			8	
9			1			3		6
2			3					
					6	5	1	

6								
	1	5			3			
			4		2		8	
		4			8	5		7
5		3		1		9		
		7				2		
	4		9	5				
								6
				4		3	5	

	5		4					3
			3		8		1	
					7		4	6
	2	7					6	5
8						7		
9						4		
	1	4		5				
		9	8				2	
	8		9	1				

			5		9			4
		6						
5	3		4					
	5	7		8		4		
	9		1			3	5	
	2					7		
				3		5		1
							6	
8				2	4			

			8		7		4	
8				5	4	3	7	
			9			2		
	9	6		4	8			3
	7		3					
		5						
3			2	9		8		
	2		4		6			5
5				3	1			2

4		3	8		9			
	7	8						
				5	1			
	4	1	2					6
						4	7	
3	6							5
5				1	8			2
						9	8	
			9	4				7

3							9	2
		6	5					4
		1		4				
7				6	5			
		9	7	3		8		5
	6					7	2	
		7				4		
		8	9					6
	5		8		1			

	3		6		9	2	4	
					7			3
			8				7	
8		5						4
			9		4			2
		6	2			7	3	
		4				3		
5								9
9		7		3		6	8	

		5		2		4		8
	9		6					3
6		3		5		7		1
	6		4					5
		1		6		9		
	3		1			6		4
							8	
			2			1	4	
		4					7	6

6					3			
7				4		8		
			7			9	4	
		8				4		2
	1			3				
2				6		5		
	4	5	3		1			
		7		2				9
1			9				5	

	2			1	7	3		
9			3	8				
		6					9	
6						4		
		1					8	
	7		8					3
			7		3		1	
2						5		
		5		2	8			9

		8						1
	4						6	
3			8			7		
		9						6
	3			7	1	2		
			3		8		9	
		1	7	3				
9				8	2			5
	5						2	

8	6		7				1	
				6		3	5	
			3			6		
7	1		4	3				
		2					6	
			8		6	1		3
	9	8			5			
	3		6					
		5	1			9		2

			9		5		8	
3								
			7	4			5	6
6		8				9		2
			3					
9	7					4		
	3				9	2	4	
4		7	8					3
2			6	3				7

1						5		
		3		4	6			
	4				9	3		
7		1					2	4
		6		2		7		
	8		6				3	
	5				2	8		
	1							7
			8		4		9	

3					9		2	
2	7			3			5	1
	5		2					6
	8	2				4		
			8					3
			1				7	
6					5			
		9				7	3	
	4				2			

		5	9					
4				3				
7		9		6	8		3	
5		8	4					
6				7				2
			2			4		9
	3			2	4	9		6
			3			7		
					7			8

	8	4						9
		2	5				8	
			1			7		
4		6			3			
				1			5	
		9	4				3	
2					6		7	
				7	1	4		2
	6		8					3

	4		5		2			
				3				
3	6	8	9		1			
	5	4						
			7	8		6		
					3		4	2
6	8	9				5	1	
		5				8	3	
								7

				1				7
1	5		4			8		
					3		6	1
					4		2	
		8				6		
	2	4	9		6			
		9				3		2
	8		3	5			7	
7								4

2				7	4		8	
7			8		1		2	
	8						1	6
	1	4	3		6	2		
	2			4				
			5			1		
5		9				8		
	4			8	2	5		9

				3			7	
		5				6		
8	7		6		1			9
		1					5	
					4		6	3
9		8	5					7
	4					7		8
6			4	2				5
				9		2		

					4			2
		9	6					
			2			9	8	1
	2			7				
4						8		
	1					2	3	5
			1	3		7		
		5		9				
	9	2						6

6		9			5			1
					8	9		
				9		8		7
5		1		8	2			
	3							9
			9		6	1	8	
	6	4	7					
		8			9			
	7				1	4	3	

	8	6			7		1	
			6				5	3
					3			6
5					1	2		9
8		9		5				
		3			6			
	7	1	3		4			
				6	8	3		1
2							6	

		7	2					
8	5				6			
3	1		4					
					8		3	
					7	9		5
			3			1		2
	6					3		
5	9			4		8		
	8			5		6		4

	4		2	5				
					3			
3	6	8	1	9				
	5	4						
			3			2		4
				7	8		6	
		5					8	3
6	8	9					5	1
						7		

		1						3
	2			5				6
8				4	2			
5		4				1	3	
	1		5				9	
7					9			2
	7			8				4
			4	9			7	
	6					3		

3		7				1		
8	2				5		9	
			2					5
7	1			2				3
	8	3	9					
					6	9		
			6					4
					1	8		
		8		7			3	

1			8			3	9	
	2				5	1		
	3							4
7	8		9					
		6	5					8
		5		8	4			
5				6			3	
				1				7
		1			7	8	2	

		4				7		
3		2					9	
	7		5	3				8
				9	6		4	2
6							8	
	2				4			
		7	1					
	6	1			3			
8				4		1		5

			2					3
	3	6	9					1
1	5					6		
	6						3	
				5				6
7		3	1		6		4	8
8							7	
			5	8		2		
6				9	3		1	

	9	8				5		4
	4		5					
				9				2
				7	5			8
6		7	1			2		
					4		1	
		4		2		6	3	
	7		9		3			
3					1			

	6		3	5				
4	8					3		5
3					8			
7	9				1	5		
6					7	1	8	4
		8						2
			4	1			6	
					9	2		7
2		6				4	5	

3			9	2				
	6			4			5	
	1					4		
7						6		5
		6	2		7			
	9			5	8	3	7	
		5					8	1
	8			6			9	
	7				4			

1	2			3				
9	5				7			
		3			8			
				2			7	
					6	5		8
				4		1		3
6	4		5			8		
8			4			9		5
3						6		

3	7		5	8			4	
8				7			1	
		1	6					7
	8		4	6				
		9						6
			7		5		9	
	4		1		2	9		
	5				7	1		
		3	8					5

				1		5		
5			9	8				7
		4				6		3
	9						2	
					4		7	8
4	2		6					5
	3					7		
6		1	8		7			9
				5			6	

			2	7				5
2	8	1					4	
		4						9
		6	4	1			2	
4			7				8	
		3		8		5		
	1		8	2				
	6						9	
		2				1	5	8

	1	5		4		8		
					1			7
			3				6	1
		8		3	5		7	
	7							4
9						3		2
4		2	6	9				
8						6		
			4				2	

8	2		1	5				
	6	9				8	1	
					3			9
		7	4		6			
	9		8					
	1				7	3	4	
	8						9	
9							8	7
	5		9	6				1

			9	8		3		
	8				6		1	
1				4		9		
	7				2	8		
		8		1			7	
3	4						9	5
		3			4			6
	9			5			8	
		4	1		8			

4	3			7				2
		2		5		1	7	6
				8	7	6		
			6				3	8
3			2		4	7		1
	4		7	3	6		9	
7		3			9		6	

			4			2		
2		4	6		9			
		8						6
				1			7	
			3			6	1	
5	1				4			8
	7						4	
		9					2	3
8				5	3	7		

			6					
2	5	4	9				6	
6	9						5	
7			3	2	1			6
4								
			4	8				1
					8	6		7
		8				5	9	
	2			3				

9		3			1			6
					7			8
8	5		2					
5				6				
	1	6		8	4		3	7
					3	6		
			6			5		1
	2			3				
	9			1		3	6	

		2			9			
5		3		7		9		
				6	1		8	
		9	1					
3	7			5		1	2	
					7			6
	8		7	3				
			4					5
1				9		8		4

6			9					
	4							2
2						8	9	1
			2		9			6
		9	5					
1		3					7	
					1	3	2	5
		7			2			
				4			8	

	7	6			2			1
				8		7	5	
			1				4	
	4		3		6	2		
		3					1	
7							3	9
				2		9		
9	8			4	5			
4								5

	2		3	7	8		6	
				1	6			
	5			2		8		7
					7			5
1			6	8			7	
9				3		6	2	
		4	7		9		1	
		7		6		9	4	8
							5	3

	5				8	9		
1		8					4	
		4	6				3	
		6			1	8		
9	8			3				
	4			9				1
	1				7		8	
		2		8		7		
			5		9	4		3

4			2					
	3	6	1		4			2
			8			6	1	
	8	1		7			2	
7		4		2			8	
	5							1
8		2	4			9		5
				5	9			8

	5			3	8			
6	9	8		1	5			
			7					
	4	5						
			2	4				3
					6	7	8	
3	8	6				9		1
		4				5		2
							3	

	9		6				2	
		6			1	5		
2				7				
		9			8			1
3			4				5	
				3		9		
	3			8				7
1	8					2		
7						8		3

5	9			8				4
	6			3				
	8		4	6				5
			2	1			3	
			5	9		7		
					3	8		
		7					2	
8	5					6		
3	1						4	

5	4	1				9		
		8				2	4	
							3	
6	8	2			1			
	5		8		4			
			3					
					3	7	9	
7			1				6	
			2		8	1		

	6		8					3
				7	1	4		2
2					6		7	
		2	5				8	
	8	4						9
			1			7		
4		6			3			
				1			5	
		9	4				3	

						3	8	
5		4			8	7		
	3			9				1
	5			6				7
		8	9			4	1	
1		9						
					6	8	7	
7		2	5					
	8	1	7		4	5		6

	1				9	3		
7			8				5	4
3		8						
							1	9
	7				6	5		
4		1		9				8
				5			7	2
8		7	6					
5	6		4	7		8		1

			2		5		4	
			1		9	3	6	8
				3				
4		2	3					
							5	4
	6			8	7			
		7						
3	8							5
1	5					6	8	9

9					3	6	2	
1			6		8		7	
				7				5
		2	3				6	
				6	1			
		5			2	8		7
	7				6	9	4	8
	4		7	9			1	
							5	3

	7	8			6			
						5		4
3			2	4				
1	9					6	3	8
		3						
2	5					4		
			7					
				1	5	8	6	9
				3	8			5

6		5			7			
9			6	1		8		5
						3		
		9				6		
			1	6		5	9	
4			2					
7		4						3
		2	3		5	7	4	
			7					

	3					2	9	5
		6						7
	5				8			
				5		7	3	4
4				1				
			6				5	
5	4						1	
				3	2			8
9					4			

				7				2
	5		2				4	
	3	4	6			7		
		1					7	
4	8							5
5						2		3
	6			2		1	9	
		8		5		6		
7			4					

2			6					5
	8						2	4
		1	3					
				7		4		9
7			4					8
6					3			
	7		2				9	
	5	4		3	1			
1				9		5		

		1		6			9	
3			1			4	6	
6			4		9			
			2				1	4
		4				6		7
								8
9			6			3		
		5		2		8	4	
	6	3		5		1	7	

3			8					7
		8					1	
	4					6		
		9					6	
	3			1	7			2
			3	8		9		
9				2	8		5	
		1	7		3			
	5					2		

	8					7		6
3					2			
			8				9	5
		9	4	2	5		6	
		6						
				6	9		5	
2	1	3		7		6		
8		4				1		
				4				

	9	6	8					
							7	
3	8	7	6				2	
9	4				6			3
	7	5		2		8	9	
4	6		1	5		2		
	2	3			4			5

5		9				7		
	3					8		
2		1					3	
		3		6				
4		6		8				5
		8	5	9				4
			3	1			4	
			8	5		6		
					7		2	

	6		3	4				7
	2		5				4	
7						2		
5				8				6
2			6				9	1
	4				7			
				1			7	
			8		4	5		
					5	3		2

1			9				3	
	8	3						
		7			8	5		4
				5		7		2
6		5		7	4		8	1
	7	8			6			
						1		9
7			6				5	
	1	4		9				8

			4	5		3		1
	5				1	9		
9				7			2	
	4	9				7		
		8			7		4	
					6			3
		5			2		6	
			1				3	
2		4		8				

					6			
		8				2		4
			1	5		3		
3		5					4	
			4				5	9
	6							
9				3	5		1	
5	7			4		8		
2				7				

	3		2	1				
		7	5	9				
		8			3			
5			4	6				8
4				8			5	9
				3				6
		6					8	5
	2					7		
	4						3	1

	6		7		3	9		
	9			4		6	7	3
		2	4	3				7
1					2			5
6						7		8
	3	8					6	
7		1	3			4	2	

			7					6
8							5	
			5	2	9		3	
4						9		
2	3		8					
					1	5	4	
		6			5			
	5		4	7	3			
	1					4		

	9		7				2	8
	8						3	
	1	2			6		5	
								4
					9	2	1	
9				5	2			
		4						
			3	9		7		
6	2		1					

					4			
	4	8					1	
1	3	2			7		6	
			9		6			5
	9		5	4	2			6
	6							
				8		5		9
		3	2					
8						6	7	

	3	9		7				
								4
	1					2	6	
	7		2		8	9		
6			5			1		2
			3			8		
9			1	2				
2		5					9	
					4			

		6	5				2	
		3						1
			4	2		8		
1	3					5		4
		2		9		7		
	9				5		1	
	7		9		4			
3							6	
		4	8				7	

	9		1			3		
				8	3			
8					7		5	4
4		7	6		5	8		1
6				7	8			
		5					7	2
		9		1	4			8
	6		7			5		
							1	9

			6					
		6	9			4	2	5
		5					6	9
6	7			8				
					3			2
5		9				8		
	6		3	1	2		7	
	1		4		8			
							4	

				8			6	
	4					2		
9	6			4	2			
4			1		5		8	
	3					6		1
		1						7
3		5			8	7		
			7					4
				9			3	2

	7		5		9			
	8			3				
3			2		1			
2						7		
4							3	1
	6						8	5
		4			8		5	9
		5	4		6			8
					3			6

	9							2
	1	6		8				
		7			9		5	3
7		3				8		
		9	4		8		1	
4			5					
1								9
	7		6					
		5		2	1	7	3	

	2			4				
			9					6
	1	6				9		5
7			5	6				
	6	1		9			5	8
								3
	7							
			4	7			3	
5	3		2			4		7

	5							9
4							3	
7	9			3		8	6	
6					2	3	7	
			4		9			2
5	8							4
			7					3
					8	7		
		3	9		6	4	2	

8	3	6				1		9
							3	
		4				2		5
			7					
9	6	8		5	1			
5				8	3			
4		5						
				6			8	7
			2		4	3		

				5	3		4	
			6					
		4					5	9
	6							
5		1				3		
				8		2		4
4			7		5	8		
7					2			
3	5				9		1	

				5				7
2		1		3	7		6	
		6					1	
	9		4	2				5
4			7				9	6
		9		4				
	6	5		7		3	8	
			3				5	

						6		
	2	4			8			
	3						1	5
1				9		5		3
	8		7	5				4
				2				7
4				3	5			
5		9					4	
			6					

			4					2
		2		3	6	4		1
6	1							8
	8		7		4		2	
	2			8	1		7	
9		5	8		2			4
		8				9	5	
		1		5				

	2	3			8			
	4							9
			1				4	5
		1						4
6			5					
		5	3	7	4			
					7	6		
			9	2	5		3	
	8						5	

	7					3		9
					4			
			2	6		1		
	2	1					9	
				9			2	5
4								
		5	1		2		6	
		3	8					
8		2	9			7		

	2		3					
3				4				
4			7			3		
	1					7	6	
2	6					1		8
	7		6	9				3
7	5			3			8	
				7		2		6
			9	6		4	7	

					5		8	4
			2		3			5
				7		1		
		2	1	9			6	
4								7
		5	6			8		
6			7			4	3	
2				4			5	
		7			2			

				1	5	8	6	9
			7					
				3	8			5
	2	5				4		
	1	9				6	3	8
3								
	3		2	4				
						5		4
8		7			6			

			4				1	
7		6			1	2		
			5	7				8
8	9					5		4
				9				2
	4				5			
4				2		6	3	
	7		3		9			
		3	1					

2	9	5		3				
				5		8		
		7			6			
	5						6	
7	3	4						5
			4					1
	1		5	4				
			9			4		
		8				2		3

		8						6
	2	4	6	9				
			4			2		
		9					2	3
	8			3	5	7		
7							4	
1	5			4				8
			3			6	1	
					1		7	

				1	6	9	5	
		9					6	
	4			2				
		2	5	3		4	7	
				7				
	7	4						3
	9			6	1		8	5
	6	5	7					
							3	

5							9	
				7		1	3	
2	9				6			
		4		8				
	2						7	
	1		3	2	5			
					2			4
9						6		
			8	9	1	2		

6	1				3			
			4			7		
	5	2		7		3		
			2			9		
5	7		8					4
	2	3					6	
2				1	8			
	3							
		9					5	2

	1	4			8		9	
				1	9			
7			5					6
6		5	8		1	4	7	
	7	8				6		
				7	2		5	
	8	3						
		7		5	4	8		
1			3					9

9		3	7					
	2				4	3	6	
		1		3				
	7	5						8
1				6	7		2	
		4				1		
			9		8		5	4
	9							2
5			4					

		4	2					
9		6				4	2	
				6		8		
	1				7			
4				8			5	1
		3	6		1			
				3	2	9		
					4			7
3	5		7				8	

	4				2		3	6
		7	9	3				
3				1				
		4	5					
					9	2		
	8	9				4		5
				5	7	8		
				4			1	
6	7		1					2

	1		5					6
7							2	
		6			2	9		
	8			1				9
		4			5		3	
3			9					
8				7		3		
			2			8	1	
			8	3			7	

	2							9
	8		7	5		4		
			2		3		6	
	4							7
7			5		2			3
		3	1	6				
			3					
1		8		2				
					9	2	5	

	5	1			3			
6								
			4		2		8	
		4	9	5				
				4		3	5	
								6
5	3			1		9		
	4				8	5		7
	7					2		

2			3			7		1
		6		9				
	9						3	8
				1		3	7	
	2		5					
		5			9	8		2
	6		4					
		1		8				
7					3		8	

9			7			8	2	
8							3	
1		2		6			5	
		4						
			3		9			7
2	6		1					
				9			1	2
						4		
	9			2	5			

6		3			4	2		
				3			1	
			7				3	9
	2					9		
			4					5
5	4		9		8			
	8					7	5	
2				6	7			1
		1					4	

				3		1		2
			7			9		5
			8				3	
5	8		6					
		7		2				
1	3			4				
6						3		
8					5	6		4
9	5				4	8		

	6			9				
		9				3	8	
2					3		1	7
		2			5			
				1		7		3
	5		9				2	8
7			3			8		
	1			8				
		6			4			

	7	5				8		
		4						1
1			7		6		2	
	2		4				6	3
9		3		7				
		1			3			
	9					2		
			8	9		4	5	
5				4				

			3		9			7
			1			3		
3	6			2			4	
		2		9				
	5	4					8	9
					5			4
1			4					
	2				1	6	7	
		8	5	7				

		7	2			6		
3				6			8	
2	4					1		7
		3			9		4	
			4		6	3		
		5						1
		8			2		5	
9				8	4			
	7						1	

		4						7
7			2		5			3
	3			6	1			
					3			
1	8			2				
			9			5	2	
		2						9
			3		2	6		
		8		5	7		4	

	9						2	
		6		3	2			
4			5		7		8	
2		5		9				
					3			
			2			1		8
	3			2	5	7		
			6		1			3
	7						4	

	4	7	6	2				
			9	5				2
				4			8	
8		2						3
		1				8		
4		3		9	6			
			5	6			9	
1		6				7		
						6	5	

			9		4	7		
5				8	1	2		
							8	9
3	6					5		
	4	1	2			6		
							7	4
4		3	8	9				
	7	8						
				1	5			

5		7			8	4		
2						7		
9			1			3	5	
	8			4	2			
					3	5		1
							6	
		6						
			5	9				4
3	5		4					

	1	5	9	6	8			
7								
	3	8	5					
2	4							3
			4		5			
		6				8	7	
						3		
					4		5	2
			8	3	6		9	1

	6		5				3	
7					1		2	8
	1					7		
		9	7	8				
		5			6	8		
4	8				5			
5				2				1
		8	1				9	3
				3		4		

	6						2	3
4					8	5	7	
		9			2			
		3		7			5	2
			3			6	1	
		7			4			
							3	
			8	1		2		
2	5							9

	2			6	3	4		
3		9					7	
1								3
4					1			
5	7		8					
		1		2		7		6
	9		2					
			4	5		8	9	
		5					4	

	2			4				
	5				6			
			9				3	7
3				7	2	1	5	
		2		5		6		
	9				3		2	
			2	8				4
		8				3		
		1					7	

8			3	5			6	
	1		4			8		
4		5						7
					7	5	2	
			6	2				4
5		3			2			
		2	7			6	1	
	7			4			9	

7							3	1
			5				9	
		6	2	9				
		2				4		
9	8	1						2
			9					6
8					4			
				2			7	
2	3	5		1				

		5	8		2			9
			3	7		1		
	2						5	
	9			3	8			
		6				9		
2			7		1		3	
7				8				3
	6						4	
		1				8		

	5		6					
7	3	4			5			
					1			4
		8		2	3			
				4				9
	1					4		5
				8		5		
		7					6	
2	9	5				3		

	9		3					2
		2			5	6		
3			2		7	1		5
		1						7
				2	8		4	
		8				3		
	2				4			
	5		6					
				9			7	3

3		8		9				
					6		9	
	7	1	2			3		
					1		8	
8			7					3
				6		4		
7	3						1	
				2		5		
	8	2			5			9

		4		8	5		3	7
		1		7			8	
	7				6	1		
	6					9		
				6	4			8
		9	5		7			
	5				8	3		
1			7					5
9		8	2		1			4

	6		2		9			
			5					9
		7					1	3
		8		4				
3	5	2			1			
					2			7
			9				6	
	2					4		
8	1	9					2	

	7			2			8	
8			1					7
	4	3				5		9
4				8	1			
3				4		6		
	9		5					8
	8			6				1
			8		9		3	
		1	4				9	

	8			4	1			9
		5	7				6	
1	9							
				3	8			
		3	1				9	
5	4			7		8		
				8	7	6		
7	2							5
	1	8	6	5		4		7

			2		4		9	6
2								4
		6			8			
	7					1		
		8	5	1			4	
6	1							3
	4			7				
	2	3			9			
7			8			5	3	

5				2	8		9	
			7		3			1
		2				5		
		9	3	8				
6								9
	2			1	7	3		
		6				4		
1								8
	7		8				3	

	4			3			5	
		7	4	6				
	3	8	1					
5						4	1	
	8		2			9		
1	9						8	
					7			8
			6	5		7	2	
					4			9

6		4				3		
9					3			4
					5		1	
			7					1
2					8			5
4	8			9				
			4	2		1	7	
		2			7	6		
	6			3				8

7		4	5		6	1	8	
		6	8	7				
5						2		7
		8	7			4		5
	9				1		3	
			3	8				
						9		1
9			4	1		8		
	6				7		5	

		2					9	
				8		6	1	
	5	3			9	7		
7	3			2	1	5		
		9						1
			6				7	
8						3		7
			5					4
	1		4		8	9		

3				2		7	1	
	9				6			
			9				8	3
5			2					
	1					3		7
		9			5	8	2	
	8				1			
4			6					
		3		7				8

			1	9	8			2
		9						6
			2				4	
2						7		
	4			8				
1			5	2	3			
				7		3		1
		5				9		
9		2	6					

2		1	7		3		5	
				9		1		
	6							7
			8			7	3	
	4	8			1		9	
	5					4		
		9		3	5		7	
8							6	1
				2				9

		7		6		1	2	3
		4						
				1			8	4
			6	7		8		
	2						3	
8			5		9			
4	5	2			6			9
	9	6			5			
								6

	1			7				
		4			8		5	1
3			6	1				
4			2					
6		9				4	2	
					6	8		
	5	3	7				8	
				2	3	9		
				4				7

3							2	
7			3			4		
	4					3		
			1		8	2	6	
			7	6			1	
6	9				3		7	
	7		2		6			
9	6		4	7				
	3			8		7	5	

	3							
1		9				8	6	3
2		5					4	
						4	5	
	8	7	6					
3				4	2			
			5	1		9	8	6
			8	3		5		
					7			

	7					1		3
				5				9
		6	9	2				
		2					4	
				9		6		
8	9	1				2		
3	2	5	1					
			2					7
	8				4			

			4				7	
2		5		7			3	
	6	1			3			
			2				9	
	5	7	8			4		
3		2						6
		3						
9						2		5
	2			1	8			

				9		6		
9	8	1				2		
		2						4
				5			9	
		6	9	2				
7						1	3	
			2				7	
8					4			
2	3	5	1					

	4	7		2			3	5
							7	
3			7	4				
			6	5				7
5		8	9			1	6	
		3						
		6		9				
			4				2	
	9	5				6	1	

				5		8		
9	2	5		3				
		7			6			
			9			4		
1			5	4				
		8				2	3	
5								6
3	7	4					5	
			4				1	

		1				7		
				8	2			4
		8					3	
	5		6					
	2			4				
					9	3		7
3			2	7		5	1	
	9		3			2		
		2		5			6	

6								7
	3					9	2	5
	5			8				
			6			5		
					5	3	7	4
		4			1			
		9		4				
	4	5				1		
				2	3			8

	4	3	9		6			
	8	2				3		
		1					8	
			5	9		2		
4		7	2	6				
			4					8
	1	6					7	
			6	5				9
							6	5

	4					5	9	
				3	5	4		
			6					
4			7	5				8
7				2				
3		5		9		1		
		6						
5	1							3
					8		4	2

7			4	9				
	3						6	
		4		8			7	
9			5				1	
3	1					4		5
		2			9			7
		3				1		
				4	2			8
		6		5			2	

			5				8	
9	2	5	3					
		7		6				
					4	1		
5								6
3	7	4				5		
		8				3	2	
1			4		5			
					9		4	

9			1					5
		2			7		9	
3	1			4	5			
	3		6					
7						9		4
		4	7			8		
		6	2			5		
					8	4	2	
		3		1				

	7					9		3
4			3	6			2	
		3						1
			1					4
					8		7	5
7		6		2		1		
	4					5		
8	9			5	4			
					2		9	

			4					
6			7			3	1	2
1						4		8
	5		6	9				
	6		2	5	4	9		
						6		
7		6					8	
	9	5			8			
				2				3

		3	2					
					8	9		5
8							7	6
	6							
	9		5	2	4	6		
			9	6		5		
	4	8					1	
1	3	2		7			6	
				4				

1	8						2	
						3		
			2	5				9
		2			9			
		8	4			7	5	
				6		2		3
	3					1	6	
		4			7			
7					3	5		2

	9			3			1	
		8	4		5	7		
						3		8
	6			5			7	
9			8			4		1
			9		1			
		6				8		7
7		4	1	8		5	6	
5			2		7			

				5			4	1
				1	9			8
		2			8		9	
4						9		
	5	6					7	2
7						8		
		1	8		3			
	6	4	7					
	3				4			5

4						2		5
6	3	8				1		9
							3	
			7					
8	6	9		5	1			
		5		8	3			
			2		4	3		
				6			8	7
5		4						

5					4		3	
				7			6	4
				8	3			1
1		4	5					
8			1		9			
		9			8			2
	9					4		
2		7					5	6
	8					7		

		5		4			3	
	1		8			9		
9					3			
	7				8			3
8	3						7	
2							1	8
5			1			6		
		2		6				9
					7		2	

	1	9			7			6
5			2			3		
							9	7
					3		5	8
2	3			1	5	6		9
	6	5		2				
	5			6			3	1
9			7			4		
	4	6						

	4	3					9	6
		1		8				
	8	2	3					
	1	6		7				
				6	5			
					9	5	6	
4		7				6	2	
			2			9	5	
					8		4	

3							7	4
	7	4		5	3			2
					7			
				7			6	5
5	8		1		6		9	
	3							
	5	9	6		1			
	6							9
					2		4	

2				4				
			9			6		
1	6					5		9
		7	5	6				
6	1			9		8	5	
						3		
			4	7			3	
7								
3		5	2			7		4

			6	2			1	
		7				9	3	
					4			
4								
			9			5		2
	1	2						9
	3			8				
	5			1	2			6
8	2			9			7	

				4				
3	1	2		7		6		
4		8				1		
9			4	2	5		6	
6								
				6	9		5	
			8				9	5
		3			2			
	8					7		6

	6		3				8	
			2		4	1		7
		2		7		6		
					7		1	
4	8		9					
2				8			5	
9				3			4	
				5				1
6		4				3		

				7			4	
9				8		6		
8		1			5			
	6	5	7					
					6		7	2
7	3			9		5	8	
	4			1				
			3			2		9
5				6		4		

				3			1	
6		3			4			2
			7			9	3	
2				6	7	1		
	8						5	7
		1					4	
	2							9
5	4		9		8			
			4			5		

7				5	6	8		3
4				9				
	3					5		
5							7	
3		7	2	1		6		
				6		1		
2	4				9		5	
	7		4			9	6	

1			5	3	2			
	4				8			
2						7		
					7	3		1
		5				9		
9		2	6					
		9						6
			2				4	
			1	8	9			2

				6			2	3
8			4			5	7	
2					9			
							3	
			2	5				9
	8	1				2		
4					7			
	3					6	1	
		7			3		5	2

4	2		1	7				
		7	6					2
	3				8	6		
	9					8	4	
		8			5		2	
7					1			
			3				6	4
		3			4		9	
		5		1				

			3	1			5	4
		5	9			1		
9					2		7	
					3			1
	5				6	2		
2	4						8	
	8				4	7		
				3		6		
	9	4	7					

	4				3	5		
	3	8		1				
		7		4	6			
			4				9	
				6	5	2		7
			7				8	
1	9					8		
5						1		4
	8			2				9

	5		2		7			
	9						4	
4						8	1	2
9						6		
			8		2	1		
5	8	1					2	
2			4		1		6	
		5			8		3	
8			7					4

		7	6			1		
4			5		8		7	3
1					7			8
9			7	5				
		6				9		
			4		6		8	
8	9		1	2			4	
	1			7			5	
		5	8			3		

9		8	5	4				
4						5		
				2			9	
				8			7	5
					1			4
	6	7	2			1		
7						9		3
		4	6		3		2	
	3							1

								8
	4						6	7
			2			1		4
	1				6			
6			4	9				
3			1			6	4	
	3	6			5	7	1	
	5				2	4	8	
9			6				3	

		6		2				
3	1					6		8
			7		1		3	4
	3	5					6	
		1	8		6			7
	6							3
2	9			5				1
					3			6
				8	9	5		

	3	8			7			
	7		3				8	
		2	8		1			
	1			9		8		
		9					3	
5					3			4
					2		7	
2			9					6
		5		6		1		

		6		8				3
		2				7		
7			2				9	4
					3	1		
8					4		2	
	9			2			3	5
1		9	8					
	5			7	9			
	8		6			9		

	6	7			1			
3					7	6		9
8		1			6			
	8			7	5			3
6		2						7
	7	4				9		6
		3		4		7		
				3				4
					2	3		

	1						3	
		2	6	3		4		
9	3							7
	4			1				
	5	7			8			
1			2			7	6	
			5		4	8		9
		9			2			
5								4

4				8	5	7		3
1				7				8
	7				6		1	
		1	7			5		
8		9	2		1	4		
	5				8		3	
				6	4	8		
	6						9	
9			5		7			

	8	1					2	
		5		7			6	
		4					8	5
	2	9	7		1			
3	4		9	6				
				1	2	3		8
			3		8		1	4

		8	6		1			
5	9					8		
		4		7				5
	7		5			1		
	8						3	2
6		5		1				
			3	2		9		
8					7		4	
				8		3		1

			6	8		2	9	
	3							
			9		7		4	
	8		4	7		3		
		9			3		2	4
3	6		2			7		
			3					
	9	5						8
4	7					6		5

9				6				
	4						2	
			9	5		6	1	
				3				
	9			8	5	1	6	
5	6							7
							7	
4	7				3			
2			4	7			3	5

	9					8	3	
6			9					
		2		3		1		7
			1				7	3
	2			5				
5					9	2		8
		7			3		8	
	6			4				
1			8					

	8	2	5	1				
					3			9
9		6				8	1	
		8					9	
	9						8	7
		5	6	9				1
		1			7	3	4	
7				4	6			
		9		8				

			6				3	8
	3		2	4		7		1
				7	8	6		
		2			5	1	7	6
3	4				7			2
4			7	6	3		9	
	7	3		9			6	

			4					
8	4							1
2	3	1	7					6
				8		9	5	
3					2			
		8					6	7
			6		9	5		
	9		2	4	5	6		
	6							

8						4		
					7		2	
2	5	3					1	
			6					9
	2			4				
9	1	8	2					
					9			5
	6						9	2
7			1		3			

				6	9	4		7
				7		2	6	
	7	5		3				8
		1				7		6
	2	6				1	8	
		7		9	6		3	
	3			4				
		2			3			
	4				7	3		

	3				9			
		4	5				3	
8				1		9		
		6	2					9
1					5	6		
	7						2	
	8			7				3
					2		1	8
				3	8		7	

			5		9		8	
	8		6	7				
3								2
					5	6		9
		9			6	2	4	5
		6						
8		4		1				
2	1	3		6		7		
						4		

	6				3			8
2				7		6		
			4		2	1	7	
				5			1	
4		6				3		
		9		3				4
			7					1
	8	4			9			
		2		8				5

		1		9			5	3
8				5	7			4
				2				7
		4	5	3				
					6			
	9	5				4		
							6	
3						1		5
2	4		8					

					2			5
			6			4		
	8	6						1
					5	3		
1		3	9					4
5	9	8	4		7	2		6
7		2			9			
			3			5		
					8			2

		2		3				9
6			5				2	
1		5	7	2		3		
				6				5
			4					2
	7	3			9			
	4		8		2			
3							8	
		7					1	

	1				7			
	8			3				
			4			8	2	
5								6
2						4		
			7		3		9	
9					2			3
	2			6		5		
		3		1	5	7		2

		1	6					
		6	1	2		7		3
7								5
		5					3	
	3	8	5		6			7
			9					4
5					9		4	2
6		9		4			7	

	8							4
				7	4	6		2
2						9		5
		7	1	6				
	5	6						
	9					5		6
		8		1				
3			8	2				
			4	3			6	9

		6	8	7				
							5	4
2	4				3			
	3	8						5
	1	5				6	8	9
7								
				5	2		4	
			3					
				9	1	3	6	8

				6	2	7	4	
		2		9	5			
8					4			
	7					6		1
5	6							
9				5	6			
			6		9	3		4
		3				2		8
	8					1		

	2				8			
		5		3				
					9		2	7
	4			9			3	1
	6	2		4	7		8	5
		3			5		7	
	5				2			
		4		6				
	1					8	6	

	7						4	9
	2			5		8	1	
8		9						
	6		4		1			2
7		4						
	5		6	3				
			7		8			
						1	5	
				4	3	9		8

	8					9		
		7	4	3		1		
	4	6					7	
			1	8		6	9	
5	1					2		8
		3			9			
6	9				1	5		
			8		7			9
			9			8		

				3	8			
		9	1				3	
	8			7		4		5
		6	7				5	
						9		1
9				4	1	8		
7	4		6	5		1	8	
	6			8	7			
5						2		7

1		2	8	7				
	8	7		4	1			
			3	1		9	4	
			9		5		2	8
5					3	6		
4						1	7	
7		6				2		

		9			2		6	
	6		5					1
2						7		
7			8	3				
		3		7		8		
1		8	2					
			9			3		
3					5		4	
	9			1				8

				5	4		3	1
		5	1				9	
	9			7		2		
			6					3
9		4					7	
8			7			4		
5			2			6		
					1	3		
4	2			8				

	7		5	6		3	8	
	4		9					
3							5	
	5							7
	3	7	1		2		6	
			6				1	
7					4		9	6
4	2			9				5

		6				4		
	1							8
7			8				3	
	6							9
2				7	1	3		
		9	3		8			
			7	3				1
		2				5		
	5			8	2		9	

	3		6	8		7		9
					9			5
			3			4		
9		4			2			
2			7	3		6		
					4	5		8
8				7				
6		9	2	4			3	
		7			3			

1		6	9			5		8
	7		6	5				
								3
		7						
			7	4		3		
	5	3		2			4	7
		2	4					
6		1					9	5
				9				6

		3	5					
7			8	3		6	5	
4							9	
2		4			5	9		
		7	9		6			4
5					7			
3	7		6				1	2
			1				6	

6		1						3
				7		4		
	2	5		3			7	
		3						
2							1	8
	9		2		5			
5		7	4			8		
	3	2			6			
				9		2		

2						4		
		6	8					
			4	2		6		9
		8		5	1			4
6	1					3		
	7						1	
	4				7			
	2	3	9					
7				8			5	3

				5			8	
7					6			
5	9	2		3				
8						3	2	
	1		5	4				
			9				4	
			4			1		
4	3	7				5		
	5							6

	6			5				
1							4	
5			4	3	7			
3		2	8					
				1		4	5	
		4					9	
			5	9	2	3		
		8				5		
			7					6

			8			4		2
1		5						3
	6							
	5	3		9			1	
		7		2				
		4		5	7			8
			5	3			4	
					6			
4						9	5	

		9		8			6	
1	5	4			6	7	2	
	3	8		7				5
				5	2			
						1	9	
4		7						
9			6		8			7
7					3	6		
		6	1	2	7	8	3	

			5	9		8		
		3						2
	8		6		7			
							4	
3	1	2			6		7	
4		8			1			
				5			6	9
6								
9				6		4	2	5

9			4			7	3	6
6				7	3			9
		2	3	4			7	
7	1	6			2		5	
	6						8	7
3		8				6		
	7	1		3		2		4

4			3					
	5			9				
7	9		6		8			3
				2		4	9	
5	8			4				
6			7		3		2	
		3	2		4	9	6	
				3		7		
					7		8	

1		5		3			7	2
		2	9					3
6					2		5	
			2				4	
	7	3				9		
			5					6
3					8			
		7			1			
	4					2	8	

			3	6			4	
	9	8	7					5
		1		5				
	6		5			2		4
4			8		7			
					2	9		
		5			6			
				7		3		
7	8		9				1	6

3							8	
			7		1	9		
4			8	9			1	
1	9			8	5		6	2
		7					9	
			9					8
	8	4			9			1
					6			5
7		6				3		

1	2						7	8
	7	8				1	4	
			9		4		1	3
				8	2	5		9
7	6		2					
5			6			3		
4			1		7			

		7	3					
9				1	6	7		8
	6						5	
8	7					4		
	2		9					
5			2		4			6
3		6		4				
7					5		8	9
		5					1	

				4		5		
	2							9
	4	5		9	8			
		2	6		7	1		
1							4	
	8						5	7
				7		9	3	
3		6			4			2
			3				1	

	6						5	1
1			9			6	3	
3			2					
	2		5	8				
		1		9	3			6
		7						8
6				5				
8		4	1		6	3		7
		3					6	

			3		2			9
					4		7	
5		3		7		8		
1					7			
	3			6	1			
		4	8			5	1	
	4			2				
	6	9				2		4
			6					8

	5		3	2		4		
		2		6	4		1	5
			6	9			8	
2			7	8	3		6	
7				5	1			
9		8	5					2
	3			4	9	6		

6			7					
		3	5	9	2			
		5				8		
			8			2	3	
	5	4		1				
	9					4		
			4	3	7		5	
	4						1	
				5				6

	4		1					
			5			3	7	4
				6		5		
			3		2			8
4	5					1		
	9				4			
		6						7
3						9	2	5
5					8			

1			7					
6					3			5
	7			8	2	1		
		5	8			6		
		9					8	7
8	4					5		
			4				3	
	5			1			2	
		8		3	9			1

6	8	9		1	5			
		5		3	8			
			7					
	4					5	2	
								3
3	6	8				9	1	
					6	7		8
			2	4			3	
	5	4						

			9					2
7	5			4				8
2		3			6			
5		2	3				7	
1	6					3		
			7					4
	2					8	1	
		9		2	5			
3								

8				6		3	5	
		1			8	4		
4	5		7					
		7		9			4	
5	3							2
	2			1	6	7		
			4			6	2	
				2	5			7

		2	8			9		
			9	1				8
				5		4		1
	7						8	
	4						9	
5		6				7		2
6		4			7			
3			4					5
		1	3		8			

	3				8			
	5		2		1		6	
	2	8			9	7		
2	1						9	
				9			2	5
		4						
			4					
				6	2	1		
7						3		9

4								
					7	3		9
	2	6				1		
			4					
				1	2		9	
		9					2	5
2	1			5			6	
	8			3				
	9		8	2		7		

			7		2			6
			8					
					1	4	5	7
9						1	6	2
4	2					7		
	8							
3	9				8			
	5		1				3	
1			4		7			

6	9					4	2	
4			2					
					6	8		
				2	3	9		
	3	5	7				8	
				4				7
	4				8		5	1
		1		7				
3			6	1				

	2	5						9
					4			
	9		2	1				
				3			8	
7				2	8		9	
	6			5		2	1	
						4		
1							2	6
3		9	7					

	4			2	5			
3	6	8		1	9			
			3					
	5	4						
			8		7			6
				3		2	4	
6	8	9					1	5
		5					3	8
						7		

		5		2				8
			8	4			9	
		1				7		
7	1					4	2	
	6				2			7
		8	6				3	
		4		9				3
1								5
	3			6	4			

2		6		7	4			
5		9				2		
4								8
			8	2		3		
9	6		4	3				
				1			8	
6		5						9
			1	6			7	
							6	5

	4			3				
	7	9	8	6			3	
		5			9			
	6		3	7		2		
	5	8			4			
					2	9		4
			7			8		
3			4	2		6		9
					3			7

			1			8	4	
	4							
	7		6			2	3	1
							6	
4	2	5		6			9	
	6	9		5				
			7		6			8
		2				3		
8				9	5			

				3			5	
	9				4			
6	5				7		8	3
		4		7		6	9	
9				4	2	5		
	6						1	
					5	7		
	1	2	7		3		6	

	4					5	9	
			6					
				3	5	4		
		6						
					8		4	2
5	1							3
7				2				
3		5		9		1		
4			7	5				8

	2	4						3
			5	4				
6						7	8	
			6	8	3	9		1
							3	
			4			5		2
5		1	8	9	6			
8		3		5				
	7							

		3			1			
4			2			3		6
	7			9	3			
			7		5		8	
					4	1		
7		6		1				2
			9				2	
	4			5				
8	9						4	5

		1				8		
	8	2						3
	4	3	9	6				
4		7	2		6			
			4				8	
			5		9			2
			6		5		9	
						6	5	
	1	6				7		

	4			5		2		
7			4	3		6		
		2					7	
1	9			6			2	
					7	4		
6			8				5	
		5		8	4			
2		3			5			
	7		1					

7		2	5		1	3		
5					6		2	
		3	2					9
8	2			4				
			7				1	
					3		8	
4								2
	9		3	7				
		6						5

5	9		8					
		4		5				7
		8				1	6	
8					4	7		
			9				3	2
			3	1				8
6		5						1
	7		1				5	
	8			2	3			

				4				
	7						3	9
			6		2		1	
8		2			9		7	
		3			8			
		5		2	1	6		
4								
			9			2		5
	2	1				9		

3	8			5	6			7
				9				4
	5					3		
		5			9	4		2
	9	6	4			7		
		7						5
	6		2	1			7	3
	1			6				

		4	9			7		
1	3			5				6
				4	6			
7	9							
6				1	9		7	
		3	5			2		
8	5						3	
				6	5			2
9		6	2	3			5	1

	5		3				4	
					1		3	8
			6		4			7
7	2		5		6			
		9		4				
		8		7				
	8					1	9	
9					2		8	
4	1					5		

		8					3	
	3					1		2
		7				9		5
	2			7				
		6	5		8			
	4		1		3			
5			8			6		4
			6			3		
4			9		5	8		

4		7			8			2
1	8				2			7
2		8	5	9			4	
	5							
			8			9		5
6	3		2			4	1	
				6	1		8	
		4					2	

8			5		7			
		2		1		6	7	
	1		4					
	3	6			2		4	
			1			3		
			3	9				7
				5				4
4		5					8	9
2					9			

	1		9					
5				3	7		1	2
		7				6		
3	7				8			
	4					5		
9				1		4	8	
6		1						8
7			3	5			9	
		9	2					

					6			
				9		6	3	
4			5		3			1
	1		4		7	8	6	9
7	4	8						
6			8	3	1	5	4	
			2		5			6
						9		
	2			6		4	1	

					7			
		5	3	8				
8	6	9	1	5				
4						5	2	
6	3	8				9	1	
								3
			4		2		3	
				6		7		8
5		4						

					9	5	6	
				6	5			
	1	6		7				
					8		4	
4		7				6	2	
			2			9	5	
	4	3					9	6
	8	2	3					
		1		8				

	8		7					3
				2			1	8
			3	8			7	
		8	1			9		
	3			9				
4					5		3	
6					2			9
	7						2	
		1		5		6		

	4						2	
			8					6
9	6		4		2			
		1				7		
4				1	5			8
	3					1	6	
3		5			8		7	
				7		4		
			9			2		3

	8			7				1
1					6	7		
	3	7		8	5			4
			5		7			9
		8		6	4			
9						6		
		5	7				1	
		4	2		1		9	8
3					8	5		

				2	7			5
8	1	2					4	
	4							9
6							9	
	2					1	5	8
1				8	2			
	3				8	5		
	6			4	1		2	
		4		7			8	

	3						1	
		2		9		3		5
	4				8	2		
	9	7		5				
6				8			9	
8			9		1			
2					7	9		4
		8	6					3
			2				7	

5		9				7		
2		1					3	
	3					8		
			5	8		6		
			1	3			4	
					7		2	
		3	6					
		8	9	5				4
4		6	8					5

		7		4	3			2
		5	2					6
7	6	3			4		9	
	9		3	7			6	
	7	8				6		
2	4			3		7		1
6							3	8

	2		9					
					5		4	
5	4					8	9	
2					1	7		6
	8		7	5				
		1		4				
				3	9		7	
				1				3
6		3	2			4		

		9		8	5	6		1
				3				
5		6					7	
9				6				
			9	5		1		6
		4				2		
2			4	7		3	5	
4		7			3			
						7		

3				9		1		
							8	3
	4							7
5				6		7		
	9	1						
	8				9		1	4
8	1		4		7	6		5
	2	7			5			
			6				7	8

					2		7	
	3	4	7					6
	5			4				2
4	8				5			
5			2		3			
		1		7				
	6		1	9			2	
		8	6				5	
7								4

			3					
	6	8				2		9
7	9							4
			7		4	6	5	
	3							
				5			8	
	2				3	7		
	4	7	8			3		
3				9			4	2

		7						
3	8						5	
1	5					8	9	6
4		2		3				
	6		7		8			
						5	4	
			5	2		4		
					3			
			9	1		6	8	3

			7	8				
							1	5
				3	4	8	9	
5			6		3			
6			4	1		2		
	7	4						
2					5		8	1
	8	9						
7						9		4

1			3					
		2	6			5		
	8					4	2	
		1			9			5
	7		2				9	
4	5			1	3			
		6		3				
		7	4			8		
					7	9		4

	4	1			2			6
	7				8		4	
		8		5				3
	2	7	5					
			9					4
					4	8	2	1
	8	2				1		
					9	6		
			8	1	5			2

		8					7	5
1								4
	2			7	6	1		
3	6			4			2	
			7			9		3
					3			1
		2					9	
	5	4	9	8				
			4			5		

	6							9
	5	9	6	1				
				2		4		
	7	4		3	5			2
3						7		4
				7				
					7	6		5
5	8		1	6		9		
	3							

	9						6	5
6	5							
7			1	6				
8				1				
			4	3		6	9	
		3	8	2				
	8						4	
		2					5	9
				7	4		2	6

					3			
	7						5	6
6		1		5	8			9
				3			4	7
3	5		4		7		2	
7								
1		6	9		5			
					6		9	
2								4

					2		8	
	4	5		6				
	8				1			9
				7		9	1	
3	9				5		6	7
7		4	1					
8					7			
			9			2		3
	1				3			5

				2		1	8	
					3			
	5	2	9					
				6	1		3	
3			2		5	7		
7								4
9								2
	6		3		2			
		4		5	7			8

5			9			2		8
	2			5				
					1		7	3
		2		3		1		7
	9					8	3	
6					9			
		7	3				8	
	6			4				
1					8			

		4		7	8			
				2		9		
6					5	2		4
			6		3		4	
9	8				7			5
	1		5					
			7			3		
8		7			9		1	6
	5			6				

7			2	8			9	
		6	5			2	1	
			3				8	
						4		
3	9				7			
1							2	6
	5	2						9
				4				
		9	1		2			

	8					7		5
2			6	7			1	
		1						4
			3					1
					7		9	3
6		3		4		2		
	2					9		
5	4			8	9			
					4		5	

5		3						4
	6							
					4		9	5
			6					
				5	1	3		
8						2	4	
		2		7				
	7	5		4		8		
		9	5	3				1

								6
4						5	3	
5		9	4					
	2	4				8		
					6			
	3		1	5				
				7			2	
1				3	5		9	
	8			4			5	7

1						3	8	
4	6						7	
	3				5	4		
		4		9				
6	5		7		2			
		7		8				
			4		1			5
					8	9		1
2			9			8		

		3			7	2		5
		7	4					
				3			6	1
		9	2					
	6					3		2
4			8				5	7
								3
2	5					9		
				8	1		2	

	7	8		6				
							4	5
3			4		2			
			3	8			5	
					7			
			1	5		6	9	8
1	9					3	8	6
		3						
2	5							4

		9	6				2	
	6				1	5		
2				7				
1		8				2		
7						8		3
		3		8				7
3			4				5	
	9				8			1
				3		9		

	4					9		
	7		8	3		5	6	
		3	5					
		7	9		6			4
	2	4			5		9	
	5				7			
			1			6		
7	3		6			1		2

7							2	
	6			4	3	7		
	2				5			4
				1				7
			4		8		5	
			5			2	3	
5				8		6		
	4		7					
2					6	1		9

7				4		9		
		2	7			1	6	
	5	3			2			
			6	2				4
					7	2	5	
1			4				8	
	4	5						7
	8		3	5		6		

6	8	9					1	5
						7		
		5					3	8
				3		2	4	
	5	4						
			8		7			6
	4			2	5			
			3					
3	6	8		1	9			

4		3	9	6				
2	9		7		1			
8	1						2	
	4						8	5
	5			7			6	
			3		8		1	4
				1	2	3		8

2		4				8		
					3			1
		5			6		2	
9					2	7		
	5			9			1	
			1	3		5		4
		8			4		7	
			3				6	
	4	9		7				

4					7		8	
	7					4	9	
		3			6			
3			1					
6					2		5	
				8			4	2
	9				1	5		
	3	1	4	5				
2				7				9

1				8				9
		6	5	4				
2						8		
	9						2	3
3				1				5
7					8			
5				9	3	6		7
		7				1	9	
	1		4		7			

7				5	3	8		
	4							7
	2	3					9	
2			4					
		6					8	
			6		9	2	4	
	7			1				
6	1		3					
		8			4	5		1

	2			6		9		
5					1		6	
			7					2
9			3					
	5			4				3
		1			8		9	
8		3						7
		7	8			3		
2						8		1

5		9	8					
					2		3	
6	7					8		
								6
		5		6	9			
		6	4	2	5			9
				4				
	6			7		1	2	3
	1						8	4

				3	8			5
			7					
				1	5	8	6	9
	3							
9		1				6	3	8
5		2				4		
7	8				6			
		3	2	4				
						5		4

	6		3					
					7	4	9	
	7			4			8	
7				2				9
5		4	1		3			
	1				9	5		
	2			6			5	
8							4	2
		1		3				

	8	2			7		9	
		3					8	
		5		6		2	1	
7			9		3			
					1		2	6
						4		
			5	2				9
	4							
2		1		9				

	5							3
				7	2		9	
		2					8	
	2	6			8		7	4
	3				7		5	
		4		1	3			9
		5					2	
		1	8		6			
	4							6

					7		8	
					4		9	
			6	5		2		7
1		9				8		
5						1		4
		8	2					9
		4		3		5		
	7		4	6				
	8	3	1					

5			3					6
7		6						2
4						7		1
1		2		7	8			
	8	7	1	4				
				1	3	4		9
			5		9	2	8	

5		2	7					
	4			2	6			
		9		4				7
6		1			7	2		
			2			3	5	
		6		5	3		8	
	7					5	4	
8					4			1

2		1			6	5		
		9	7			2	8	
		8				3		
	9			5	2			
					9	1		2
							4	
	6	2	1					
			3	9				7
4								

	5				9			
	2	9				6		
				1	3		7	
4							8	
		2			7			
		1				5	2	3
	9			6				
				2		1	9	8
			4			2		

3		5	7					8
				2	3		9	
				4		7		
4					8	1		5
		1		7				
	3		6	1				
					6		8	
9	6						4	2
	4		2					

					5	3	8	
								7
			6	8	9	1	5	
8	7						6	
		3				4		2
				5	4			
	5	2		4				
3								
	9	1	3	6	8			

8								
		9	1	6	2			
2		4	7					
		1					4	7
9		3						8
5				3			1	
			4	5	7			1
							8	
					6		7	2

					8	7		3
		5				4		
8		4		1				9
			2				9	
9			3	5				7
	8						1	6
		6					7	
1	2			3	7			5
			9			1		

	3	5		9				1
	7			2				
	4			5	7		8	
			5	3				4
					6			
4						9		5
			8			4	2	
1	5						3	
		6						

5				1		6		
	2				6			9
			7				2	
9			3					
	5				4		3	
		1		8		9		
2							1	8
8		3					7	
		7	8					3

		6			8			9
	4				7			
				5			1	8
9		2	3					
					1	4		
		4			6			5
			7			6	5	
2	7			6				
	8	5			9	3		7

9							2	
		5			4			
			8		9		4	5
	1			3				
	3	9			7			
2			4			3		6
	4					1		
7	5						8	
		1	7	6				2

		2	5					
					1	3	7	
5				9		8		2
	2		3			7		1
		9					3	8
6					9			
1					8			
		6	4					
	7			3			8	

4					5	2	3	
	1	5		2		6		4
	6		2			8	7	3
	8					9	6	
			7			5		1
		2	9	8		7	5	
6					3	4		9

	9					8	3	
		2			3	1		7
6			9					
	6				4			
		7		3			8	
1			8					
	2				5			
			1				7	3
5				9		2		8

				3				1
9			2			5	3	
		8		4			2	
	9	1			8			
5			7	9				
8					6			9
	2							7
		7			2	4	9	
	6		8			3		

			5				9	6
		9	6			4	5	2
		6						
								4
1	2	3		6				7
	8	4		1				
	3						2	
8				7	6			
			9		5	8		

7						5		6
	6	1	8	5				9
			3					
5	3		7		4	2		
				3		4		7
	7							
	1	6	5		9			
			6			9		
	2							4

	3				9	4	2	
7		4	8					3
		2	6	3				7
8		6					9	2
			3					
	7	9					4	
			9		5	8		
		3						
			7	4		5		6

	3							
				2	9		6	8
					4	7	9	
	9	5	8					
4	7		5	6				
							3	
	8			3			4	7
3	6			7			2	
		9	4		2	3		

9			3	2				
		7		4				
	8				7		5	3
8			6					
					2	4		
4	2					6		9
				7			1	
				1	6	3		
	5	1	8					4

8		5		4				
				2			9	4
		6	7		3		2	
9					8	3		
		4	3					
5				9				
				3				7
					7		8	
	3		2		4		6	9

		8				7		
	1			5		3		
				3	2			9
	8			9		1		
5	4						6	
			8			2		
4		7						1
			1		9		7	
	9	3	6	7		5		

	6	9				4		3
1		7				2	9	
	7		6				5	
			8	5			4	
			2			8	1	
2	1			8	3			
8		3	1	4				

5								4
			5		4	8		9
	9				2			
1			2			7	6	
	7	5			8			
		4		1				
	2		6	3		4		
9		3						7
		1					3	

5				1	4			
1		9		8				
		8			9	2		
			8				7	
				2	7	6		5
			9				4	
	7					4		6
	8	3				1		
		4		5				3

7		3		6		2	1	
		5	7					
				1			6	
		7		8	3		5	6
		4					9	
	3			5				
	7		6	9		4		
	4	2	5					9

					9	7		8
8					5		6	
			8	4			5	
	9	3			8	1		
		1		5				2
4								3
	2	8		7			1	
	3		6			5		
7			1					

		2			7			
4							8	
		1				3	2	5
	5				9			
	2	9						6
			1		3		7	
			2			8	9	1
	9		6					
				4				2

	9			1	2			
	2	5				9		
			4					
				3				8
7			8	2				9
	6			5			2	1
1						6		2
							4	
3		9			7			

			6	9			4	3
8								1
	3						8	2
	2			5	9			
		8		4				
				2	6	4		7
		9		6	5			
7							1	6
6		5						

	1							3
		2		5				6
8			2	4				
		1			5		9	
7			9					2
5	4					1	3	
		7		8				4
				9	4		7	
		6				3		

		2	3				1	7
9						3	8	
	6			9				
2			5					
	5				9		2	8
				1		7		3
	1			8				
6			4					
		7			3	8		

6		9					5	
				6				
2	4	5		9			6	
4								
				4	8			1
7			1	3	2			6
	8					5	9	
			8			6		7
		2			3			

		8	9			7	4	
				4	3			8
	1						3	
8	4		5					1
		6		8	4	2		
9				1				
		1	8				9	7
					6		5	
3	9					8		

		1	5		3	9		
					7	2		
8					4	5		7
	9	5		4				
								6
		4				3	5	
			6					
3				1	5			
2	4						8	

	8		1					
		4		6				
3					7			8
				9			8	3
	9		6					
		3			2	7	1	
		5		2				
	1					3		7
9			5			8	2	

4				1				
	1				2		6	7
5		7	8					
		9	2					
			4		5	9		8
	5					4		
3	9					7		
		2		3	6			4
1							3	

				2	6			4
			7			2	5	
5		4						7
		8		5	3	6		
	1				4		8	
3		5	2					
2					7	1	6	
	7			4		9		

				8		1		3
		8	7				4	
				2	3			9
8			1		6			
4				7		5		
	9	5						8
	7				5			1
5		6		1				
	8					2	3	

		1				6		
7			5					
		6	3	7		1	2	
	3	8	7			5		6
			4			9		
		5			3			
6		9			7		4	
5			2		4			9

	2			5			1	8
9		8						
	7					9	4	
			3	4		8		9
			8		7			
							5	1
	6		1		4	2		
	5			3	6			
4		7						

2	9					6		8
	4					9	7	
				3				
3				8		4		7
	2	4			9		3	
7			3	6		2		
						3		
		8		9	5			
6		5	4	7				

				8	7	2		1
			1		4	7	8	
1	7							4
2						6		7
6			3					5
	2	8	5	9				
9	4			3	1			

		6			3			
		7		4				8
			7				4	9
7				2		9		
		1	9				5	
5	4		3		1			
8						2		4
	1			3				
		2		6				5

5			8			6		
9							8	7
	8	4				5		
		7		2	8	1		
	1		7					
	6			3				5
8				9	3			1
		5			1		2	
			4				3	

6				1			5	
		2			7			
	9		6					2
	8	1					2	
		7				3	8	
	3				8	7		
					3		9	
9				8		1		
		3	4					5

			3			9	2	5
	8		5					
				6				7
1					4			
5						3	7	4
		6				5		
			4		5	1		
	4				9			
3	2							8

					4			2
3	7			9				
			6					5
7							1	
		3					8	
	4			2	8			
2			3					9
		6			5		2	
5		1	2		7	3		

8			3					7
					8		1	
				4		6		
3		8				9		
	7	1		3				2
					9		6	
	8	2	9				5	
7	3				1			
				5		2		

		3			6			8
	4	2				7	1	
7			2				6	
		9		4	8			
8				2				5
	7							1
3				9				4
5						1		
			4	6			3	

		2	5				8	
			1					7
	8	4				9		
4		6			3			
		9	4				3	
				1			5	
	6		8			3		
2					6		7	
				7	1	2		4

4	5					1	3	
	7			9				2
		1			5		9	
		2	5					6
1								3
	8		4	2				
		7	8					4
			9		4		7	
		6				3		

					5	4		1
2				8		9		
				9	1			8
1			8	3				
4		6	7					
		3		4				5
	4						9	
	7						8	
6		5				7		2

		7			2	6		
4	2					1		7
	3		6				8	
		8		2			5	
	9		8	4				
7							1	
		5						1
		3		9			4	
				6	4	3		

	4					6		
		3	8					7
8							1	
1			7	3				
	5					2		
		9		8	2		5	
9							6	
	3			7	1			2
			3		8	9		

3				1	6			
		4					7	
	7		2	5			3	
				3				
8	1				2			
			9			2		5
		2					9	
			3	2				6
		8		7	5	4		

					5	7		
1		2	7		3			6
6								1
		4		7		6		9
	9			4	2	5		
9					4			
				3				5
5	6				7		3	8

Lieber Käufer,

vielen Dank für deinen Kauf!

Ich habe da eine kleine Bitte an dich. Produktrezensionen sind die Grundlage für meinen Erfolg auf Amazon. Daher würde ich dich bitten mir Feedback, mittels einer Rezension zu geben.

Wenn du Fragen, Anregungen, Verbesserungen oder Wünsche hast, kannst du dich gerne unter

Info.luisa.hansen@web.de

Melden.

Herzlichen Dank

Luisa Hansen

1. Auflage

Druck: Amazon Media EU S.à r.l.Rue Plaetis - 2338 Luxemburg

Veröffentlicht von: Patrick Meyer
COVER: Depositphotos, Vexels, Pixabay, Canvas
Independently published
PATRICK MEYER, HÜBSCHSTRAẞE 18, 95448 BAYREUTH
patrick-meyer-92@web.de

www.ingramcontent.com/pod-product-compliance
Lightning Source LLC
Chambersburg PA
CBHW080456220526
45465CB00006B/2283

* 9 7 9 8 6 4 8 5 3 3 8 6 8 *